U0376640

作者简介

苗国厚 男，1984年11月生，博士，副教授，硕士生导师，重庆交通大学人生教育协同育人创新中心专职副主任、高校党建与思想政治教育研究中心副主任。主持、主研省部级及以上项目20余项，发表论文50余篇。

陈　璨 女，1987年3月生，博士研究生，中级职称，在重庆师范大学工作至今。

2017年度重庆市社科规划重大应用项目"高校思想政治教育亲和力和针对性提升对策研究"（2017ZDYY21），2018年重庆市教委人文社科重点项目"总体国家安全观视域下境外网络意识形态传播与治理研究"（18SKDJ006），重庆市高校思想政治理论课教学科研示范团队"人生教育"融入思想政治理论课教育教学科研示范团队研究成果。

光明社科文库

互联网治理与人的发展

HULIANWANG ZHILI YU
REN DE FAZHAN

苗国厚　陈　璨/著

光明日报出版社

图书在版编目（CIP）数据

互联网治理与人的发展 / 苗国厚，陈璨著 . -- 北京：
光明日报出版社，2018.7（2023.1 重印）

ISBN 978 - 7 - 5194 - 4339 - 9

Ⅰ.①互… Ⅱ.①苗…②陈… Ⅲ.①互联网络—管
理—研究②个人社会学—研究 Ⅳ.①TP393.4②C912.1

中国版本图书馆 CIP 数据核字（2018）第 155270 号

互联网治理与人的发展

HULIANWANG ZHILI YU REN DE FAZHAN

著　　者：苗国厚　陈　璨

责任编辑：王　庆　　　　　　　　责任校对：赵鸣鸣

封面设计：中联学林　　　　　　　责任印制：曹　净

出版发行：光明日报出版社

地　　址：北京市西城区永安路 106 号，100050

电　　话：010 - 67078251（咨询），63131930（邮购）

传　　真：010 - 67078227，67078255

网　　址：http：// book. gmw. cn

E - mail：gmrbcbs@ gmw. cn

法律顾问：北京市兰台律师事务所龚柳方律师

印　　刷：三河市华东印刷有限公司

装　　订：三河市华东印刷有限公司

本书如有破损、缺页、装订错误，请与本社联系调换

开　　本：170mm×240mm

字　　数：276 千字　　　　　　　印　　张：16

版　　次：2018 年 7 月第 1 版　　　印　　次：2023 年 1 月第 2 次印刷

书　　号：ISBN 978 - 7 - 5194 - 4339 - 9

定　　价：78.00 元

自 序

"吾日三省吾身",讲得是对自身的反省。作为一个有志追求学术的青年人,也有必要每隔一段时间对前期成果进行一下总结。一是对前期一个交代,二是进一步把控和凝练研究方向。

从2014年至2017年起,我开始攻读博士学位,所以文章主要围绕博士的研究方向——网络思想政治教育、互联网治理进行撰写。互联网推动社会发展,对社会政治民主进步作用巨大,也推动着人的解放发展,而在这个过程中党建与思想政治教育是重要保障。按照这个主线,本书分三大篇:第一篇围绕互联网治理开展研究,针对互联网社会的具体特征,提出系统治理策略,进行较为深入的研究。第二篇是人的解放发展,从马克思"现实的人"思想出发,论述了互联网促进社会发展,推动民主进程,解构着传统政治权力结构,有力促进人的解放和发展,同时对如何克服互联网负面影响也进行研究。第三篇是党建与思想政治教育,这是工作内容所在,也是实现以上目标的重要保障。

下一步,要继续围绕网络思想政治教育、网络意识形态、思想政治教育统计分析进行研究,力争在这方面取得更多的成果。

苗国厚
于重庆交大
2018年4月

目　录
CONTENTS

第一篇 01

| 互联网治理 |

互联网社会特征分析及系统治理策略

互联网社会治理是国家治理的重要组成部分。推进国家治理体系和治理能力现代化，必须加强互联网社会的有效治理，互联网社会的有效治理已成为当今公共管理领域最重要的问题之一。目前对互联网社会治理的研究是较为全面深入的，而针对互联网社会的特征研究提出治理策略方面的研究相对较少，而这方面的研究笔者认为尤其重要，因为只有对事物的特征有深入全面的把握，才能有的放矢，提出更有针对性的治理策略。基于此，为进一步深化此方面的研究，笔者从多维角度、动态分析，力求全面深刻把握互联网社会的特征，并在此基础上从系统论角度提出互联网社会治理的系统策略。

一、互联网社会的主要特征

（一）形成条件具有网络技术性和个体互动性

这是互联网社会的根本特征。技术是实现目的的手段，是借助某种工具或方法体系达到结果的具体载体。人的价值期望通过技术来实现，随着人的生产生活范围的扩大，创造出了更多的技术手段，实现了人的诸多愿望。而这个期望、愿望就内含价值，不同价值取向的人，期望也许不一样。网络技术的发明使用也是这样，当时，计算机出现后，为了将一台台电脑连接起来，如何实现信息传输成为迫切问题，最后，互联网技术诞生，以网络媒介为载体和平台，实现在网络社会传播现实的思想观念和价值体系。如果没有网络技术，没有互联网的快速发展，则不会存在互联网社会，网络技术提供物质前提，提供了社会存在。进一步讲，互联网带来了交往方式的改变，主体之间的互动显著增强，尤其是网民个体之间的互动空前增强。

（二）网络主体具有自主性和相对隐匿性

互联网社会主体包括网络组织和网民个体。互联网社会主体在网络空间发表观点和看法，都在自觉或不自觉地传递着某些思想观念，并对现实社会产生一定影响。很多网民认为网上社会是虚拟的，这种虚拟性，带来了网络传播思想观点和言论的随意性、自主性，但这种虚拟带来的隐匿性却是相对的。从技术层面，网络主体在网上的任何操作都会留下痕迹。相比传统社会，传统的媒介都易找到传播主体，而互联网社会主体具有相对的隐匿性。

（三）网上价值观念呈现多元多变多样和较强对抗性

随着网络技术的不断发展，网民由于国家、民族、地位等背景的不同，使世界各地的多种文化、多种价值和各种思潮纷纷在网络进行交汇，从而产生多元多变多样的价值体系。价值观念的多元多变多样特征是由不同国家、不同民族的不同文化和不同思想一起在交流的过程中形成的，这就避免不了不同价值观念的对抗和冲突。尤其要指出的是，当前，利用互联网传播西方价值观已成为西方国家推行其全球霸权、进行和平演变的一个重要手段。西方国家通过网络垄断地位、网络文化入侵，宣传他们的"自由、平等、博爱、民主、人权"等思想价值观念，消减着我国主流价值观念的引领力，消解了社会主义核心价值观的引领作用。

（四）网络传播内容明显扩大，具有复杂和不安全性

互联网具有虚拟性、匿名性、自由性和开放性的特征，在日常的网络交往中，网络主体可以随心所欲地进行思想观念和价值理念的交流，现实社会有些不敢说的话，在互联网上可以随意表达，在交流过程中传播内容不断扩大，同时也使得传播内容变得复杂起来。但是，随着传播内容的不断扩大和复杂，很难形成一种对所有网络主体都有约束力的行为规范和道德准则。目前，网络世界充斥着许多网络失范现象，如网络色情、网络黑客、网络欺诈、网络赌博等问题，这使得网络传播内容也具有虚假性和不安全性。

（五）网络传播速度加快，影响范围显著扩大，具有很强渗透性

互联网穿越了国家和疆域的限制，使不同国家、不同地域的人可以跨越时空阻碍，打破观念限制，利用网络数字化平台，快捷、迅速地在网络社会下进行信息的传播和交流。在当下，信息的传播和扩散往往就是敲击键盘一瞬间的

事情，十分迅速和快捷。信息传播的范围也显著扩大，在某一国、某一地发生的事情很快就能遍及全球。此外，网络社会能够实现一对一、一对多、多对一或者多对多这样的多渠道渗透教育和引导交流，它不需要进行面对面的直接交流，只需要你有一个终端接收器就可以接收不同国家、民族、地域的文化和思想，从需要和喜好出发，自由广泛地选择自己感兴趣的文化和思想。在技术包装下的传播内容具有很强的感染力和吸引力，使人们自觉或不自觉受到了思想文化的侵染。

二、互联网社会的系统治理策略

（一）理念上要树立新的治理思维

随着 Web3.0 大互联时代的到来，互联网社会将得到进一步发展，互联网社会的治理不能停留在传统社会层面，而要树立新的治理思维。

一是尊重网民的理念。网络社会实现了"让每一个用户拥有和世界组织一样的资源，每一滴水都等同于大海"的愿景，网民力量显著扩大。在网络社会，用户至上得到了真正体现，现在的网络公司都把用户作为上帝，互联网社会的治理者也必须这样，不然好的工作效果就很难达到。

二是树立底线意识。底线是不可逾越的警戒线，是事物质变的临界点。一旦突破了底线，事物可能就发生重大的变化。互联网社会治理工作，涉及方方面面，哪些该管哪些不该管，有时难以确定。针对这种情况，必须树立底线思维，明确哪些是不能动摇、不能含糊的。要善于运用底线思维，及时制止事态的不良发展，赢得工作的主动权。在大是大非面前，一定要头脑清醒，不能当"好好先生"。针对重大网络突发事件，必须采取手段进行管控，不能掉以轻心。

三是线上线下一体化思想。Web3.0 条件下，不但包括人与人、人与机交互和多个终端的交互，而且将更加便捷。由智能手机为代表的移动互联网开端，实现了"每个个体、时刻联网、各取所需、实时互动"的状态，线上社会和线下社会将融合为一体。因此，互联网社会的治理也应该树立线上线下一体化的思想，不应局限在线上方面。

四是谨防"蝴蝶效应"的理念。"蝴蝶效应"原意是指"亚马孙雨林一只蝴蝶翅膀的振动，也许两周后会引起美国得克萨斯州的一场龙卷风"，表示即使微小的变化，经过特定的一系列的发展，也可能带动形成巨大的连锁反应。客观地讲，传统现实社会发生蝴蝶效应的概率是很低的，但网络社会里，发生的可能性明显增大，任何一个小事情，加上幂次叠加传播，就可能产生巨大的变化。互联网提供了这个机会和条件，信息的传播空间加快，事件可以在极短时间内井喷式传播，同时任何人都可能成为这个蝴蝶效应的制造者，这就显著提高了发生其效应的可能性。

五是技术要领先的理念。互联网的发展，从本质上是技术的进步。正是由于（移动）互联网＋、大数据、云计算、物联网等技术不断发展，推动了网络社会的形成。尤其是即将到来的 Web3.0 大互联时代，技术将更加先进，而作为互联网社会的治理者，一定要掌握先进的技术。不然即使在理念上再先进，但实际操作不能实现，治理效果也就不理想。

（二）措施上要实现从传统社会治理到互联网社会治理的转变

思路决定出路，理念决定措施。从目前的研究发现，治理措施囿于传统的管控模式。为适应互联网社会的需要，需要实现从传统社会治理到互联网社会治理的转变。结合互联网社会呈现的新特征，其治理要坚持政府主导和多元参与的统一，坚持管控与引领的统一，主要做到以下几个方面：

一是多元治理。传统的政府一元主导的模式在网络社会下越来越不奏效，原有的政府单个中心治理模式，不能有效解决现实问题，必须树立多元的治理理念。网络组织和个人也要参与治理之中，实现主体间分工合作，推动互联网社会有效治理。

二是平等协作。在政府发挥主导作用的前提下，各主体间平等协作。网络社会如果还停留在传统的科层制管理模式，就很难有效开展工作。科层制的管理模式是相对于自上而下集权式的体制。互联网造就的是扁平的网络社会，在此背景下，要摆脱其管理与被管理、控制与被控制的关系，取而代之的是平等协作关系。注重激发主体的自律意识，推动政府和公众的双向沟通，让公众参与到政府的治理结构中。

三是积极寻求主流价值观念的最大公约数。在治理的同时要加强主流意识形态的建设。在主流意识形态建设上，遵循"叠加共识"，要寻求主流价值观念的最大公约数。学者王晓升认为："任何一种价值体系都反映一定社会集团的利益和要求，都有一定程度的理性上的说服力；另一方面，一个价值体系还要尽量满足更多的人利益上的要求，促使他们从利益的角度来接受一定的价值观体系。"基于此，在社会主义核心价值观的培育践行上，要积极动员广大人民群众积极参与；在社会主义文化凝炼和传播上，不能局限在党政干部、理论界，也要动员广大群众积极参与。

四是治理反应力要快。这是在互联网社会提出的新要求，拖沓和敷衍在网络社会已成过去，针对存在的问题，要第一时间内做出反应，必要时做好超前预判，并在官方微信平台、微博和网站进行说明，做出回应，对网民提出合理性呼吁。提高主体对事件的应急处置能力，尽快进行调查，及时公布结果。在某些具体政策上，要充分考虑网络社会的实际，积极运用信息技术的最新成果，提高治理反应能力。

五是努力实现合力效应。各主体之间要努力实现"1＋1＞2"的效果。怎样才能达到这个效果，首先要有合作意识，各主体之间要有共同的目标，共同促进社会和谐稳定和健康发展。同时，其他主体也应求同存异，承担应有的社会责任。要构建多主体合作机制、决策机制和监督机制，切实提高治理合力。

（三）机制上要引导互联网舆论生态的正向发展

习近平总书记要求"要讲好中国故事，传播好中国声音"。但互联网，尤其是移动互联网、物联网产生后，信息的发布和传播方式发生了重大变化，网络的开放性、多元化和互为主体性，社会上各种数以百计、无奇不有的思想观念、学说和"主义"都借助互联网扩大自己的受众，提高自己的影响。互联网社会的治理，迫切需要引导互联网舆论生态的正向发展。

要构建促使互联网舆论生态正向发展的多维机制，讲好中国故事，传播中国好声音。一是构建思想舆论正向评判机制。以促进社会发展和满足人民健康生活文化需要为标准，来判断思想舆论的正向发展还是负向发展，进而创造条件，促使各种社会思想舆论优胜劣汰，引导其正向发展。同时，要利用互联网技术的新手段、新方法做好中国特色社会主义理论体系的宣传教育活动，使人民群众方便学习中国特色社会主义理论体系，引导人们用马克思主义的立场、观点、方法和中国优秀传统文化认识分析各种社会思潮，认清其本质。二是健全民意反馈机制。要开辟、畅通民意反馈渠道，尽可能原汁原味向政府反映民意，缩短民众与政府之间的距离。三是构建思想舆论正向转化机制。要根据思想舆论发展节点，及时疏导思想舆论，科学地对非主流价值观念进行整合，使非主流价值观念良性发展。

（四）效果上要实现从应急治理向常态和谐治理转变

对于互联网社会的治理，我们力求应急治理的少些，进而实现一种常态和谐的治理效果，要实现这个效果，需要做到以下几个方面：

一是实行定期监管通报制度。"魏则西事件"暴露出互联网社会存在重大的监管漏洞。百度推广是百度国内首创的一种按效果付费的网络推广方式，简单便捷的网页操作即可给企业带来大量潜在客户，有效提升企业知名度及销售额。但这里面的监管怎么保证，如何实现对信息发布流程的规范，以及对不实信息的有效过滤。因此，政府要实行定期监管通报制度，对互联网公司，尤其是主要互联网公司进行监管，并及时向社会通报。

二是加强网络法治建设。客观地讲，我国接入互联网时间虽然短，但发展速度快，成为互联网大国，可是法律法规等软件建设还不能满足社会需要。正如一网民所说："百度的竞价排名如果有错，按理说属于推广虚假广告，然而却没有一条法律来解释这种行为是否违反《广告法》，表明我国在法制建设方面的不足。"也有学者指出："当前网络社会治理最大的压力是法律法规体系严重缺乏。"不管从实践上不断爆料出来的网络事件，还是理论界指出的网络社会法律法规匮乏的现状，都亟须加强网络法治建设。

三是强化行业和网络主体自律。规则制度的制定始终赶不上技术的发展，行业和网络主体的自觉自律不可或缺。要充分发挥行业协会在行业监管和职业道德建设等方面的作用，加强对网络经营者的教育和监管，引导经营者自觉规范经营行为，促进行业健康发展。网络主体要履行好社会责任，自觉遵守法律规范，承担社会责任，要有善心、有善意、有善举，热心参与社会公益事业。同时，发挥导向作用，借助大数据技术，建立"黑名单"数据库，使恶意网店、失信者和侵权者得到应有的惩戒。

大数据技术：提高互联网治理主动性的利器

摘　要：大数据技术是信息时代的最新成果。党中央提出"主动"作为新时期宣传思想工作的新要求。面对互联网治理中存在时间上滞后、措施上过分重视表面、参与上呈孤立性、效果缺持续性的问题，互联网治理工作需要利用大数据技术，培养数据思维，做好预警，提高互联网治理的超前性；抓好数据分析，把握规律，提高互联网治理的针对性；利用大数据技术，建好门户网站，提高互联网治理的服务性；顺应发展要求，完善制度，提高互联网治理的稳定性。

关键词：大数据；互联网；主动性

习近平同志在 2013 年 8 月全国宣传思想工作会议上强调："在事关大是大非和政治原则问题上，必须增强主动性、掌握主动权、打好主动仗，帮助干部群众划清是非界限、澄清模糊认识。"主动性是宣传思想工作的生命和关键，党中央明确提出"主动"作为宣传思想工作的基本要求。网上舆论工作作为宣传思想工作的重中之重，更应该突出主动性，尤其是移动互联网、物联网的发展运用，给互联网治理提出了更大的挑战，而当下迅速发展的大数据技术成为提高互联网治理主动性的关键所在。

一、大数据：信息革命的"弄潮儿"

随着移动互联网、物联网的发展，大数据是当下传媒、信息科技、经济、学术领域火热词汇之一，甚至信息技术领域言必谈之。"大数据"这个术语最早是描述数据量巨大，在 Apache Nutch 得到体现，后来在谷歌核心技术 Map Reduce 和 Google File System（GFS）上还涵盖了处理数据的速度，在研究上，世界著名未来学家、社会思想家阿尔文·托夫勒将大数据热情地赞颂为"第三次浪潮的华彩乐章"。大数据领域权威发言人之一维克托·迈尔·舍恩伯格在《大数据：生活、工作与思维的大变革》中认为："大数据具有一种新型能力，即对海量数据以一种前所未有的方式，进行分析，而获得巨大价值的产品和服务或深刻的洞见；是人们获得新的认知、创造新的价值的源泉；是改变市场、组织机构，以及政府与公民关系的方法。"① 大数据成为互联网信息技术行业的流行词汇，随着技术发展和应用推广，大数据的内涵变得丰富，包括大数据技术、大数据工程、大数据科学和大数据应用等领域。

　　大数据技术的战略意义、重要价值不在于掌握庞大的数据信息，而在于对数据进行专业化的分析处理，发现数据内在的规律性特点和数据之间的关系。从现实社会实践上说，大数据是当下数据分析的前沿技术。简而言之，大数据技术就是从复杂庞大的各种各样类型的数据中，快速获取有价值信息的能力（手段）。而它的技术支撑主要是云计算、分布式处理技术、存储技术和感知技术在实际应用上，Google 流感趋势利用搜索关键词预测禽流感的散布，统计学家内特·西尔弗利用大数据预测 2012 年美国选举结果，美国麻省理工学院利用手机定位数据和交通数据建立城市规划。

　　大数据技术是一种工具技术，要充分发挥其服务性。技术有两重性，大数据技术一样，在具体生产生活中，要充分彰显其服务性。通过大数据技术，能够为服务对象和受众提供更具针对性的服务，这对于政府来说，具有巨大的现实意义。正如维克托所言，大数据正在引起人们生活、工作和思维的大变革，大数据对政治、经济、文化及人的思维的影响是巨大的，"三分技术，七分数据，得数据者得天下"已成为不争的事实。通过对数据的收集、分析、挖掘，发现规律性的特点及趋势，随时为决策提供依据，可有效提高工作的主动性和针对性。

---

① 维克托·迈尔·舍恩伯格，肯尼斯·库克耶. 大数据时代：生活、工作与思维的大变革. 杭州：浙江人民出版社，2012：17－20.

二、目前互联网治理存在的问题

党中央高度重视网络意识形态工作，从 2001 年 7 月江泽民同志在中共中央法制讲座上指出"思想政治工作、宣传工作应该适应信息网络化的特点"的要求，到胡锦涛同志在 2003 年全国宣传思想工作会议上提出"要高度重视和切实加强互联网新闻宣传工作，努力掌握网上舆论引导的主动权"的明确任务，再到习近平同志在 2013 年 8 月全国宣传思想工作会议上强调"要把网上舆论工作作为宣传思想工作的重中之重来抓"的战略定位。① 在各级党委政府的积极推动下，互联网治理工作取得了骄人的成绩，但分析近年来开展的各种互联网整治行动，不免发现存在一些问题。

（一）时间上：有滞后性

限于人的认识和发现的滞后性，一般都是出了问题后才开始整治，如 2013 年后半年以来开展的打击网络谣言行动、2013 年 9 月 9 日公布的《最高人民法院、最高人民检察院关于办理利用信息网络实施诽谤等刑事案件适用法律若干问题的解释》。虽打击的力度空前和效果明显，但通过分析发现，整治举措在时间上有滞后性。网络谣言早已有之。在 2012 年 4 月 16 日的《人民日报》就刊登了在社会上产生严重后果的 10 起网络谣言案例，其中最早一例是发生在 2008 年，其余发生在 2011 年前后。在国外，新加坡在 2003 年，根据修改的互联网相关法规。如果发现网络谣言，新加坡广播管理局会适时查处，严重造谣的还会被以诽谤罪起诉。2008 年印度对《信息技术法》做出修订，规定对在网上散布虚假、欺诈信息的个人最高可判处 3 年有期徒刑。无论是从国内谣言出现时间，还是国外同样问题出台的政策看，我们在 2013 年后半年才开展打击网络谣言行动、出台相关法律未免滞后了。如 2008 年一条短信被网上多次转发，引起"蛆橘事件"，让全国柑橘严重滞销；2011 年，响水县"爆炸谣言"引发大逃亡 4 人遇难，等等。这样使得有些人为所欲为，发泄自己的情感，但带来的确是大量无辜人的受害和社会的损失。

---

① 陶文昭. 探索网络意识形态的有效治理方式团. 前线，2014（1）：53.

（二）措施上：显表面性

分析 2011 年前后开展的互联网恶意程序（手机病毒）专项治理行动，发现具体举措和行动成果表现在捕获手机恶意程序多少个。"扫黄打非·净网 2014"专项行动，对于行动成果通常是受理网上传播淫秽色情信息举报线索多少条，查处了多少网站，通报多少典型案例，删除了多少条信息。而这种工作措施过多重视了表面、易于展现的工作内容，缺乏对数据的分析，没有深入到事物的背后，探寻"为什么会出现这些问题""相关信息之间的联系"等，就像湖面浮萍一样，漂浮在水面上，而要想拔掉，必须深入到水下，从根部拔起。对于互联网整治必须深入数据背后，如色情网站、恶意程序如何传播、营销、具体分布、服务人群等，找准了这些信息的源头，从根源上想办法进行整治，会起到治本的效果。对于"扫黄打非"，缺少对网民需求的调查研究，淫秽色情信息或网站之所以存在，而且有一定的市场，充分说明网民有需求，面对这一实际情况，我们要充分考虑如何转移、引导网民的现实需求，朝向健康有益的方向发展，要采取更多的疏导措施，而不是直接"封死"网民的需求。

（三）参与上：呈孤立性

在互联网治理上，政府是主导，这是毋庸置疑的。但现实上，却缺乏其他方的有效支持，呈孤立状。群众路线是党的工作路线，互联网治理也必须坚持党的群众路线。人民群众的广泛参与既是现代社会治理的重要特征、重要保证，也是社会治理的关键所在，将直接影响到是否起到既定效果。因此，在互联网治理上，也应注重积极发挥人民群众的参与热情和创造力，充分发挥人民群众的力量，这样才使互联网治理如有源之水，畅流不息，获取强大的源源不断的力量。但事实上，如前文所述，在互联网治理上，人民群众的参与性是有待提高的，大部分呈中立状态，有一部分还将互联网作为与政府"叫板"的有力平台，只有极少部分参与。这使得政府就成了孤军奋战。

（四）效果上：缺持续性

国家计算机网络应急技术处理协调中心（CONCERT）先后六次开展移动互联网恶意程序（手机病毒）专项治理行动，对于网络"扫黄打非"行动，早在2009 年 12 月到 2010 年 5 月底，中央外宣办、全国"扫黄打非"办、新闻出版总署等九部门联合开展了深入整治互联网和手机媒体淫秽色情及低俗信息专项行动。四年之后，又开展"扫黄打非·净网 2014"专项行动。可见上次整治行动效果没有持续性，仅在当时起到了效果，几年之后，效果逐渐减弱，呈现出此消彼长的波浪式效果趋势的一个重要原因，就是面对信息传播的新技术、新手段，缺少深入分析，没有在长效机制上多下功夫，缺乏必要的制度和法律约束。虽然早在 2007 年信息产业部为建立综合治理网络环境的长效机制，已经确立了"三谁"原则，即"谁主管，谁负责""谁经营，谁负责""谁接入，谁负责"，但从现在网络环境情况看，没有很好地起到预期的效果。

三、大数据技术：互联网治理工作主动之所在

十八届三中全会提出"加大依法管理网络的力度"，2013 年全国宣传思想工作会议指出"网上舆论工作作为宣传思想工作的重中之重"，成立中央网络安全和信息化领导小组，都充分说明了互联网治理的重要性不言而喻。"工欲善其事，必先利其器"，大数据时代，移动互联网、物联网的迅猛发展，信息数量、传播速度急剧加快，给互联网治理带来了巨大挑战。如同信息化战争，还停留在传统短兵相接战术上，胜算就大大降低了。互联网治理工作同样需要利用当下最新的大数据技术，革新治理方式方法，解决时间上滞后、措施上浮于表面、参与上呈孤立状、效果不持续的问题，切实增强互联网治理的主动性。

（一）培养数据思维，做好预警，提高互联网治理的超前性

数据在经济、社会发展中扮演了越来越重要的角色。阿尔文·托夫勒在《第三次浪潮》中提到"今日许多变化不是独立事件，也不是偶发事件。如核心家庭的瓦解、全球能源危机、弹性工作时间的崛起等等，不是相互独立的，而是与潮流都息息相关，预示着新文明的到来，如果政府没有看到这些事件背后的动力，那么政府将在危机和决策失误间摇摆，没有计划，没有希望，没有见识"。① 而此处的新文明，就是信息革命到来。维克托·迈尔·舍恩伯格说："我坚信大数据能有效帮助公共部门优化决策，并已经在帮助政府实现'善治'

---

① 阿尔文·托夫勒. 第三次浪潮. 北京：中信出版社，2006：9.

目标。"① 国家科技部发展战略咨询专家许耀桐在对《智慧政府——大数据治国时代的来临》一书评价时说:"以数据治国,依数据行政,方能科学决策;让数据立言,凭数据采信,才会造福斯民。"② 足见大数据带来的机遇。

如何才能从繁杂的海量数据中筛选出真正的信号,摒弃噪声的干扰,从而做出接近真相的预测?从事互联网治理的工作人员要培养数据意识,养成数据思维,对数据产生敏感意识,重视数据在决策中的作用。尽最大努力掌握所负责工作领域的国内外数据,并对数据进行汇集、分类、整合、筛选、研判等技术处理,发现数据背后潜在的问题,及时上报,做好预警,提高互联网治理的超前性。在工作中,要加强对互联网治理工作队伍的建设,注重对其培训,促使其掌握信息技术最新发展成果,并及时运用于工作中。

(二) 抓好数据分析,把握规律,提高互联网治理的针对性

全国政协委员、中国浦东干部学院常务副院长冯俊认为,越来越多的组织决策是根据数据分析做出的,越来越多的行业正在经历大数据浪潮带来的革命性影响,政府部门也不例外。目前,有些城市的交通拥堵、道路设计、路灯安装等市政建设上都应用了大数据技术。大数据在社会治理中所具有的革命性作用,积极利用数据分析技术,以提高管理水平与效率。

互联网治理工作,本来就是与大数据打交道,如果不运用大数据技术,从工具层面就落后了。因此,在互联网治理上,要运用大数据技术、数据挖掘技术等对收集到的数据进行分析。互联网信息管理部门要招聘计算机专业毕业生,工作人员要学会常用的统计分析软件,必要时争取软件技术公司的支持,找到数据之间的关系及背后隐藏的规律性特点,使治理工作摆脱"见子打子"的表面化,实现对网站、言论有效的整治,切实达到既治标又治本,提高互联网治理的针对性。此外,一个值得注意的问题就是不要"一刀切",针对不同地区、不同文化背景开展互联网治理工作,虽然互联网是无国界的,但也具有民族地方特色,尤其是一些具有民族特色的网络平台,要具体问题具体治理。

---

① 徐继华,冯启娜,陈贞汝 . 智慧政府:大数据治国时代的来临 . 北京:中信出版社,2014:5.

② 徐继华,冯启娜,陈贞汝 . 智慧政府:大数据治国时代的来临 . 北京:中信出版社,2014:9.

（三）利用大数据技术，建好门户网站，提高互联网治理的服务性

互联网治理的出发点和落脚点都是为了更好地为人民服务。为人民群众提供一个和谐、健康的网络环境，是互联网治理的目标。互联网治理不是打压网民，而是更好地服务网民，只有这样才能获取广大网民的理解和支持。对此，政府要利用大数据技术，必须转变政府门户网站发展方式，注重从人民群众需求角度规划和建设网站，推行智慧政府门户网站建设，提高互联网治理的服务性。

首先，继续做好信息和服务上网工作。目前，许多政府网站内容越来越繁杂，涉及方面越来越多，栏目设置如同迷宫。对此，要尽可能提供人民群众需要的信息，要将与人民群众密切相关的信息资料，放在网站醒目位置，解决好"找到的信息不需要、需要的信息找不到"的问题。其次，完善搜索引擎，加大政府信息的显示量。对于目前谷歌、百度、搜狗等各大搜索引擎来说，搜索某一信息，由于商业利益原因，一般商业网站较多地显示在前几位，而涉及政府类网站就在后面，对此，要建立与主要搜索引擎企业的常态化合作机制，全面开展政府网上信息可见性优化，扩大政府类网站的知名度，把更多、更好的政府正面、权威、优质信息传递给网民。最后，提供优质个性化网络服务。要根据用户访问量、访问栏目，通过对海量网民访问数据的分析，对网站栏目、功能、页面等方面进行优化，使得网站能够为用户提供有用、精准、智能服务，弥补"用户需求"和"服务供给"之间的差距，对于有价值的信息资料，以手机、邮箱等方式予以提供，切实让人民群众感受到网络的便利，使他们自觉配合和支持政府开展互联网治理工作。

（四）顺应大数据发展要求，完善制度，提高互联网治理的稳定性

强调工作的稳定性也就是做到持续性、不间断性。做到了工作主动性的持续，不给潜在问题以发生的机会。可以这么说，做到工作的稳定性是真正做到了主动性。在美国，大数据技术已日趋成熟，已充分发挥其功效。而在中国，2013 年才是大数据元年，大数据在中国才刚刚开始，目前主要应用在商业和传媒业，但大数据发展趋势势不可挡，刚开始就显示出其巨大经济和社会价值。

互联网治理工作，要顺应大数据发展要求，根据互联网发展需要，积极完善相关制度，加强对盲区的管理，尤其是根据前期数据分析、挖掘，发现问题，

提出对应的策略及法律法规，要完善大数据背景下互联网治理的体制机制，保证网民合法合理利益，严厉打击网络非法活动和行为，提高互联网治理的稳定性。

当然，互联网治理工作是一项系统工程，涉及经济、社会生活的各个领域，需要相关部门的通力协作，综合运用行政、司法、制度、技术等手段，广泛调动社会力量，实现网民自律，才能实现最大成效。大数据时代，从政府角度出发，应以大数据技术更新为突破，实现互联网治理的工作理念、思维方式、方法策略和制度政策的改善，切实提高互联网治理工作的主动性。

互联网治理的历史演进与前瞻

摘　要：按照互联网发展状况及治理情况，互联网治理大致分为三个阶段，即摸索起步阶段、强化完善阶段、日趋成熟阶段。二十多年来，互联网治理取得了可喜的成绩，形成了"中国经验"。未来互联网治理将逐步推行网络社会治理模式，意识形态安全将是治理的重点，更加注重多方治理，加强法制建设，促长效有机运行。

关键词：互联网治理；社会治理；意识形态安全

互联网治理从 1994 年中国接入互联网那一天就已经开始，20 多年，互联网治理从稚嫩走向成熟，从摸索走向创新。当下，互联网治理已上升到国家战略。回顾总结是为了更好地前行，只有不断总结才能不断进取。因此，有必要对二十多年发展历程进行阶段分析和经验总结，并对未来互联网治理作一展望。

一、互联网治理二十多年阶段回顾

互联网治理二十多年，大致可以分以下几个阶段：

（一）互联网治理摸索起步阶段（1994—2004 年）

1994—2004 年是互联网治理摸索起步阶段，这 10 年是 Web1.0 时代，互联网在中国的发展相对较为缓慢，互联网治理在摸索中起步，工作内容较为单一。1995 年 3 月，中国科学院上海、合肥、武汉、南京 4 个分院远程连接成功。1999 年 9 月，招商银行率先启动"一网通"网上银行服务。2000 年 5 月、7 月，中国移动、中国联通互联网正式开通。在互联网治理上，主要防止境外势力、反动言论的渗透，黑客的攻击。1996 年，国务院出台《中华人民共和国计算机信息网络国际联网管理暂行规定》。1999 年 10 月，《中央宣传部、中央对外宣传办公室关于加强国际互联网络新闻宣传工作的意见》出台。2000 年 9 月 25 日，《互联网信息服务管理办法》公布施行。2004 年 11 月 8 日，《关于进一步加强互联网管理的意见》出台，对长效管理体制的建立做出了部署。这一时期的组织管理机构有国务院新闻办公室（中央对外宣传办公室）、中国互联网络信息中心、公安部公共信息网络安全监察局，三个机构根据各自职责开展相关工作。①

（二）互联网治理强化完善阶段（2005—2010 年）

2005—2010 年是互联网治理强化完善阶段。2005 年，互联网进入 Web2.0 时代，网络治理开始复杂化、常态化。Web2.0 注重用户的交互作用，用户既是网络信息的浏览者，也是网络信息的制造者，互联网的吸引力和交互作用赢得了更多的网民，极大地推进了互联网的发展。2005 年，博客的出现标志着中国互联网发展进入 Web2.0 时代。2009 年，新浪、搜狐、网易等开启或测试微博功能，开启了自媒体时代。2010 年，电信网、广播电视网和互联网三网融合加快推进。在互联网治理上，也进行了跟进，治理核心是打击"黄赌毒"。2005 年 9 月 25 日，《互联网新闻信息服务管理规定》出台。2006 年全国互联网站管理工作协调小组成立，《互联网站管理协调工作方案》出台，协调小组成员单位包括信息产业部（工信部前身）、国新办、教育部、公安部、国家保密局、解放军总参通信部等 15 个部委和军方机构，中宣部负责指挥，办公室设在工信部，各部门根据分工各自分管一块。这标志着网络治理的体制机制已成型。此外，互联网行业组织的自我管理起步。

（三）互联网治理日趋成熟阶段（2011 年至今）

2011 年起至今是互联网治理日趋成熟阶段。这期间，微博、微信等社交媒体的崛起及移动互联网推广使用，网络安全日益严峻，互联网治理有了统一的组织管理机构，并上升为国家战略。在互联网的发展上，2012 年 9 月 18 日，《中国云科技发展"十二五"专项规划》公布，大数据时代到来。2013 年，进入移动互联网"微"时代，同年 12 月，进入 4G 时代。在互联网的治理上，

---

① 周俊等．筑坝与通渠：中国互联网内容管理二十年（1994～2013）．新闻界，2014（5）：55.

2011 年 5 月，国家互联网信息办公室成立，主要职责包括落实互联网信息传播方针政策、推动互联网信息传播法制建设、加强互联网信息内容管理等。2014年 2 月 27 日，中央网络安全和信息化领导小组成立，习近平总书记担任组长，李克强、刘云山任副组长。互联网治理上升为国家战略，实现了网络治理机构由虚到实，力度由弱到强的重大转变，网络整治的力度空前、方式更加灵活，互联网治理日趋成熟。

二、互联网治理二十多年经验总结

（一）强化政府主导，建立统一的自上而下的互联网治理机构和工作体系

从发展阶段梳理发现，在互联网治理上，从开始至今都是强化政府主导，而不是放任互联网自行发展。在 2010 年，时任国务院新闻办公室主任的王晨在《我们要走出一条有中国特色的互联网发展之路》一文中指出，互联网治理的原则是"政府主导、公众参与、民主决策、高效透明"。中国能够在较短的时间内取得互联网发展和治理的"双丰收"，得益于建立了统一的自上而下的互联网治理机构和工作体系。此治理机构和工作体系也是一步步随着工作的需要而日趋完善。治理领导机构的层次从最初中央外宣办网络管理局、中国互联网络信息中心、公安部公共信息网络安全监察局等局级单位，到多个单位组成的临时协调小组，再到部级规格的国信办，直至今日由国家最高领导人担纲的中央网络安全与信息化领导小组。各省市按照中央要求成立了相应的领导小组和互联网信息办公室，往下延伸，加之公安系统、通信管理部门，形成一套完整的互联网治理工作系统。党政部门应对网络舆情危机的机制逐渐成熟，应对能力逐渐提高。

（二）注重方法创新，形成一系列治理方法

中国政府在互联网治理上，注重结合新情况、新问题进行方法创新，实现了从整治到管理，再到治理的发展路径，形成政府监管与公众监督结合、法制约束与自律结合、行业规范与教育引导结合、创新技术与人工审查结合的治理

方法。① 政府监管与公众监督结合，可充分发挥政府主导作用，把握方向，对非法行为进行管制、制裁。同时，又充分发挥公众监督作用，及时获取人民群众意见建议以改进工作，发动网民参与到网络治理中来，积极提供线索。法制约束是指中国政府始终坚持依法对互联网进行治理，治理的主要依据是《宪法》《未成年人保护法》《全国人大常委会关于维护互联网安全的决定》《中华人民共和国电信条例》《互联网信息服务管理办法》等法律法规。坚持法制约束与自律结合，可充分发挥法制的权威约束作用，同时自媒体时代，又倡导网民、行业自律。互联网催生了一批新型的互联网企业，行业规范与教育引导结合是指在制定推行行业规范的同时，加强教育引导，避免恶性竞争，营造良好氛围。互联网治理中，采用技术手段是必不可少的，如网络舆情监控这方面，有计算机软件设计公司提供的付费监管软件、主流媒体设计开发的软件、高校或学术机构研发的软件、政府部门自身成立研发机构开发的软件。目前在市场占主流的是第一类型监管软件，常用舆情监管系统有军犬网络舆情监控系统、麦知讯第三方网络舆情监控系统、红麦软件舆情监测系统、邦富舆情监测系统、美亚舆情监测系统、TRS 舆情监测系统等。同时，打造核心队伍和专门队伍建设，推行专人专岗机制、24 小时人工审查机制，实现创新技术与人工审查的结合。

（三）坚持"边发展，边治理"，在发展中治理问题，在治理中促进发展

一路走来，中国互联网治理一直坚持"边发展，边治理"的指导思想，不能放任互联网发展，禁止利用互联网颠覆国家政权、破坏国家统一，煽动民族仇恨和民族分裂，宣扬邪教以及散布淫秽、色情、暴力和恐怖等信息。治理的组织机构也随着互联网发展状况及对其认识的不断深化而改变，最开始认为互联网是"一种跟国外沟通和联系的技术手段"，所以放在了中央外宣办。随着互联网的发展，管理机构就发生了巨大变化。在具体治理内容和办法上，也是逐渐增多，早期监管的工作重点是防止境外势力、恐怖势力、邪教组织、黑客的渗透，后来增加了打击"黄赌毒"，到现在各种专项整治行动连环出击，打出了网络管理的"组合拳"，而且力度空前、方式灵活，效果自然就比较理想。

---

① 王荣国. 互联网治理的问题与治理机制模式研究. 山东行政学院学报，2012（2）：23 – 25.

互联网在中国发展也遇到一些问题，但中国对互联网的发展没有打压，没有因噎废食，而是以发展为目的，在发展中解决问题，在治理中寻求发展。正如习近平总书记在中央网络安全和信息化领导小组第一次会议上强调的"要处理好安全和发展的关系，做到协调一致、齐头并进，以安全保发展、以发展促安全"。通过治理发展中存在的问题，进一步促进和保证发展的健康有序。二十多年中国的互联网发展成绩证明，"边发展，边治理，治理为了发展"的做法是正确的。

（四）高度重视互联网安全，积极稳步参与国际交流合作

互联网治理关系国家安全和社会稳定，关系国家主权、尊严和人民群众根本利益。中国国家计算机病毒处理中心博士陈建民说："从国家的层面来看，互联网已经成为新的国家战略资源，网络空间成了国家安全的新领域。"中国国家互联网应急中心副主任刘欣然指出："中国政府网站面临着比较严重的安全威胁。"中国政府从接入互联网那一刻起就高度重视互联网安全，禁止任何人利用互联网颠覆国家政权、破坏国家统一，煽动民族仇恨和民族分裂、宣扬邪教，而对于出现涉及国家和人民安全的网络事件将给予坚决打击。尤其是 2011 年后，中央对网络安全更加重视，并上升到国家战略。在中央网络安全和信息化领导小组第一次会议上，习近平总书记强调"没有网络安全就没有国家安全"，这充分显示出中国在保障网络安全、维护国家利益的决心。同时，积极稳步参与国际交流合作。唯物辩证法中联系的观点要求我们要对外开放、加强互通。互联网让世界各国真正直接地联系在了一起，并使各国间的联系在进一步加深，尤其是互联网的跨国性、流动性等特点决定其治理更应加强国际间交流合作。2012 年，时任国家互联网信息办公室主任的王晨在新兴国家互联网圆桌会议上强调："中国政府十分重视互联网领域的国际交流与合作，愿意与世界各国开展对话，学习借鉴各国互联网发展和治理的经验。"当然在参与国际交流合作中是稳步有序进行的，互联网发展初期，自身较为弱小时，求得自身发展和安全是第一位的，对外交流次数、内容、层次相对较少较低，随着自己发展状况及需求程度的变化，逐渐扩大和提升国际交流的空间和层次。尤其是近年来，举办中国互联网安全大会、中美互联网论坛、中英互联网圆桌会议、首届新兴国家互联网圆桌会议、首届中国—东盟网络空间论坛，出席网络空间国际会议、全

球互联网治理大会、ICANN（全球互联网治理的核心机构）高级别政府会议等。通过国际间交流合作，中国保持与不同政府互联网主管部门之间对话渠道畅通，增进彼此的了解和理解，学习先进治理经验，促进互联网技术创新和应用，推动建立一个符合网络社会基本特征的互联网治理体系。

三、互联网治理未来展望

中国对互联网的治理一直在进行中，一直"在路上"。根据互联网的发展方向，未来互联网治理将有如下特点：

（一）网络社会治理模式初见端倪

学者马骏在《中国的互联网治理》一书中指出："由于互联网具有全球开放的基本属性，以政府为主体、以业务许可制为基础的自上而下的传统管理模式陷入困境。"治理体系是随着互联网发展而变化，而目前的治理体系是在传统社会背景下产生的治理模式，是一种科层制、垂直化的治理模式。这种模式在互联网发展的初期具有较好的效果，但随着互联网及信息技术的发展，已不能满足其需要，治理效果也相对而言显得不很理想。原因在于目前互联网的发展已不仅是技术层面要求，而形成了是一种与现实社会交织而形成的网络社会。学者何哲在《网络社会治理的若干关键理论问题及治理策略》一文中指出，网络社会与传统社会相比具有高度的复杂性、跨时空性、高度的流动性与动态性、冲击与对抗性、隐蔽性、权力的转移与技术的对等性、极为松散的结构体系、跨国性和文化干预性八个方面的不同特点。① 当前策略仍停留在传统的技术层面，带有浓重的传统社会治理色彩，效果肯定是不理想的。网络技术的发展，它使人的思想观点、主体间关系、社会结构都发生了变化。这就要求对互联网治理要进行"扁平化"创新，更加结合互联网的特点来完善，要实现从互联网管控到互联网治理的转变，从互联网治理到网络社会治理的转变。先前单向、强制、刚性的治理模式，必将转向交互、合作、包容的治理模式。

（二）意识形态安全将是治理的重点

互联网的发明使用加快了人类文明进程，极大地推动了生产力的发展，但

---

① 何哲．网络社会治理的若干关键理论问题及治理策略．理论与改革，2013（3）：110.

也对各国政治、经济、社会和文化秩序带来了冲击，尤其是意识形态的冲击。当下互联网安全是国际讨论的热点问题，其核心也是意识形态的安全。习近平总书记指出"意识形态工作是党的一项极端重要的工作""要讲好中国故事，传播好中国声音"。不管环境如何变化、时代如何变迁，巩固马克思主义在意识形态领域的指导地位，没有变，也不能变。党必须把意识形态工作的领导权、管理权、话语权牢牢握在手中。意识形态工作关乎人民群众对党的指导思想的信仰、对执政路线政策的认同，决定党的事业兴衰成败。而各种数以万计、无奇不有的思想观念、学说和"主义"都借助互联网在意识形态领域寻找自己的位置，扩大自己的受众，提高自己的影响，目前网上意识形态工作受到极大的挑战。互联网治理的核心是意识形态的治理，互联网安全的核心是意识形态的安全。而重点就是要解决好一元主导与多元共存的关系，坚持马克思主义的指导思想，着力打造融通中外的新概念新范畴新表述，讲好中国故事，传播好中国声音，扩大马克思主义、中国文化在网络中的主流地位。

（三）更加注重多方治理

从目前的互联网治理工作分析，工作重点主要集中在监测、管控，以及对网络突发事件的处置上。但治理不是单一主体的监管、处置，要把各相关责任主体都纳入互联网治理体系中来。学者付玉辉指出："互联网治理的首要目标是自由开放和开放创新。"[①] 因为治理必须切合互联网的属性，不然，良好的效果不易达到，还抑制互联网的发展。学者艾明江认为，社会观感好坏关乎互联网治理的效果，指出政府要注重维护社会观感，引导公众介入或参与互联网治理。[②] 其中的社会观感指公众对政府治理行为所产生的舆论反映与评价。基于以上分析，在互联网治理上要根据互联网的特点，要注重激发主体的自律意识，促进网络主体的自律。要推动政府和公众的双向沟通，支持公众通过互联网平台表达参与诉求，参与治理，让公众影响力渗透到政府的治理结构中。鼓励网络社会团体在加强组织行业自律、参与行业标准规范制定、引导企业遵从商业

---

① 付玉辉.互联网治理、国家治理和全球治理的同构性.互联网天地，2012（8）：15.
② 艾明江.当前地方政府的互联网治理策略分析.湖北大学学报（哲学社会科学版），2013（1）：119.

道德、加强自律检查、开展合法有序的行业竞争等方面的作用。

（四）加强法制建设，促长效有机运行

互联网治理工作虽取得了骄人的成绩，但分析近年来开展的各种互联网整治行动，不免发现存在一些问题。整治行动效果没有持续性，运动式整治存在，仅在当时起到了效果，几年之后，效果逐渐减弱，呈现出此消彼长的波浪式效果形式。一个重要原因是没有在治理的长效机制上多下功夫，缺乏必要的及时的制度和法律约束。虽然早在 2007 年信息产业部为建立综合治理网络环境的长效机制，已经确立"三谁"原则，即"谁主管，谁负责""谁经营，谁负责""谁接入，谁负责"。但从现在网络治理状况看，更需要在治理的长效机制上下功夫。互联网治理要举一反三，加大法治力度，推行契约化和合作，针对在专项行动中遇到的问题，进行梳理总结，提供对策建议，对于共性问题，可出台相应的规章制度，完善法律治理体系，通过立法、司法解释等多种手段，实现工作程序化和各主体自律自觉，促进互联网治理长效有机运行。

网络空间治理法治化路径：依法办网、上网、管网

摘　要： 网络空间治理法治化是时代所需，是依法治国战略实施的必然要求，是网络社会治理的必然选择。针对现实挑战及当下互联网治理存在的缺乏系统性、法律法规体系不够健全、网民的法治意识还没有完全形成的现实问题，提出从依法办网、依法上网、依法管网三个方面入手，切实推动网络空间治理法治化。

关键词： 网络空间治理；法治化；互联网监管

随着互联网在中国的快速发展，互联网的治理也上升为国家战略。党的十八届四中全会做出了推进依法治国的重大战略部署，而提高依法治网能力则是应有之义。2014 年 10 月 24 日，中央网信办召开各界人士座谈会，学习宣传贯彻党的十八届四中全会精神，会议提出"加强依法管网、依法办网、依法上网，全面推进网络空间法治化"。依法治网是一项系统工程，应遵照网络生态和运行规律，基于此，可从依法办网、依法上网、依法管网三个层面，进一步加强网络建设和管理工作，实现网络空间治理法治化。

一、网络空间治理法治化是时代所需

加强互联网治理已成为国际社会的共识和惯例，同其他互联网先进国家一样，在中国，互联网治理已上升为国家战略，成为当下热议话题，政府机关、学术界开展了相关的研究。当下我国互联网治理要结合互联网发展状况及现实工作情况进行革新，推动网络空间治理法治化。原因在于网络空间治理法治化是依法治国战略实施的必然要求及网络社会治理的必然选择。

（一）依法治国战略实施的必然要求

党的十八届四中全会做出了依法治国的重大战略部署，我们所生活的世界可以区分为现实世界和网络世界。现实世界的治理已经引起了政府和社会的高度关注，而网络世界的治理较之于现实世界的治理，治理能力则明显不足。现实世界与网络世界对于人的生存和发展而言，都是须臾不能离开的两种生存空间。网络世界在人们现实生活中的作用已越来越重要。因此，依法治网是依法治国的题中应有之义。对于我国这样一个具有网民6.32亿，手机网民5.27亿①的互联网大国来说，推进和实施依法治网具有更为重大和更为现实的意义。近期，国家及地方各级互联网信息管理部门也主持召开了专题工作会议，学习宣传贯彻落实党的十八届四中全会精神，征求各方建议或意见，研讨如何全面推进网络空间法治化。这高度彰显了网络世界治理的重要性，也充分显现了党和政府对网络世界治理的重视。网络世界同现实世界一样，是受法律管辖与约束之地，需要把管理者依法管网，从业者、主办方依法办网和全体网民依法上网有机结合起来。三者是相互联系、相互促进、缺一不可的。管理者依法管网是网络世界治理的前提，管理者不出重拳整治网络世界的无序现象，网络空间就难以得到净化。从业者、主办方依法办网是网络世界治理的关键，网络世界的运营，离不开从业者、主办方的参与。网络世界秩序的好坏，在很大程度上取决于从业者、主办方的运营模式。当从业者、主办方遵从法律的秩序经营时，网络世界就能健康、有序地发展；而当从业者、主办方受经济利益驱使，违反法律秩序经营时，网络世界就会混乱不堪。全体网民依法上网是网络世界治理的基石。使用网络的是最广大的网民，网民能否依法上网，关系到网络世界治理的成败。政府的网络治理工作再得力，从业者、主办方的网络建设工作再有序，只要网民仍然存在不合乎法律要求的上网行为，以及存在对网络不良信息的需求，网络空间的污浊信息就有存在的市场，网络世界的治理就很难见到实效。

2014年7月16日，习近平总书记在巴西国会发表《弘扬传统友好共谱合作

---

① 中国互联网信息中心. 第34次中国互联网络发展状况统计报告. （2014－07－21）. http://www. cnnic. Net. cn/hlwfzyj/hlwxzbg/hlwtjbg/201407/t20140721_ 47437. html.

新篇》的演讲中指出，要建立多边、民主、透明的国际互联网治理体系。这是我国领导人站在国际合作的角度，对网络世界治理发出的创造性建议。网络世界的治理不是单边的，更不能依靠独裁、霸权、专断取得胜利。营造良好的国际互联网治理体系，是世界各个国家的共同责任。只要所有国家勠力同心，一个多边、民主、透明的国际互联网治理体系就一定能够呈现在人们面前。在习近平总书记发表讲话之前，国家互联网信息办公室、中央网络安全和信息化领导小组相继成立，标示着在中国，互联网治理已经上升为国家战略，这也必将促使互联网治理进入一个新的发展阶段。

（二）网络社会治理的必然选择

学者马骏在《中国的互联网治理》一书中指出："由于互联网具有全球开放的基本属性，以政府为主体、以业务许可制为基础的自上而下的传统管理模式陷入困境。"[①] 治理体系应随着社会的发展不断变化，而目前的治理体系是在传统社会背景下形成的，带有明显的科层制、垂直化特征。这种模式显然已经不能满足现实社会因互联网发展和普及运用而交织形成的网络社会。我国当前治理策略在许多方面仍停留在传统的技术层面，带有浓重的传统社会治理色彩，譬如，各种指令的强制下达有时缺乏应有的协同处置，效果肯定难达到预期的目的。这就要求我们对互联网的治理要结合互联网的特点来改进完善，我们要真正实现从互联网管控到互联网治理的转变，以及从互联网治理到网络社会治理的转变。而实现网络社会治理的前提就是要加大法治力度，逐步建立和完善符合我国国情特点的互联网治理法律法规体系，通过立法、司法解释等多种手段和途径，使法律法规体系从传统社会拓展到网络社会，实现相关工作的程序化和各网络主体的自觉自律。

二、依法治理互联网面临的现实挑战及存在的主要问题

（一）依法治理互联网面临的现实挑战

1. 过多监管引起利益受损者的不满和外界质疑

时任国家互联网信息办公室主任的王晨在 2010 年指出，"一刀切"的强势

---

① 马骏，殷秦，李海英. 中国的互联网治理. 北京：中国发展出版社，2011：9 – 19.

监管方式对一些互联网企业的创新积极性和运营环境造成了冲击，对新型互联网企业的发展产生了一定的阻碍。这引起了互联网行业内利益受损者的不满，使其他国家政府及公众对中国互联网的管理导向产生了质疑。

2. "微时代"到来使得监管任务增多、难度增大

随着互联网技术的升级，微博、微信、微小说、微电影等"微"产品已经将我们带入了一个全新的"微时代"。其传播具有流动性、迷你性、瞬时性、扁平化、平民化的特征，通过便捷、高效、扁平化的传播，人们可以更加方便、快捷地收集或提供信息，发表意见或建议。而且信息传播方式更加多样，例如运用音频、视频、文字、图像等多种方式进行。这给人们带来便利的同时，也为谣言、反动言论、境外诋毁中国形象言论的生成与传播提供了更为便利的条件，导致互联网治理中监管任务增多，难度加大。

3. 网民主体意识增强，技术能力提高

伴随着互联网的推广使用，人们的主体意识逐渐彰显，一个以"被"字为前缀的流行表达方式充分表明了人们的主体意识。人们自觉或不自觉地表现自己，尤其是在人人都是"麦克风"的自媒体时代体现得更为明显。主体意识彰显必然促使网民维权意识的增强。据网上交易保障中心首席执行官乔聪军介绍，保障中心在最近 3 年里，平均每天接到消费者投诉 20 件。① 呼吁政府保护好用户权益，这给互联网治理提出更高要求。同时，网民受网络上国外思想观念影响，思想动态有时难于把握。计算机技术、网络技术在互联网上可方便学习获取，广大网民也在提高自己的计算机操作技术水平，使自己在互联网上更具隐蔽性，这两个方面的现实状况给互联网治理带来了一定困难。

（二）依法治理互联网存在的主要问题

1. 现有互联网治理策略缺乏系统性

近年来，我国政府在互联网治理工作中开展了一系列专项整治行动。国家计算机网络应急技术处理协调中心先后六次开展移动互联网恶意程序（手机病毒）专项治理行动。从 2007 年 4 月开始，由公安部等中央十部门连续两年开展

---

① 周芬棉. 网购消费者权益受损客户重要信息泄露. http://www.ebrun.com/20120327/43333.html.

了依法打击网络淫秽色情专项行动。这次行动取得了良好的效果，广大人民群众交口称赞。2009 年 1 月，由国务院新闻办联合七部门发起整治互联网低俗之风专项行动。这是我党又一次对网络治理出击的重拳，再次彰显了我党对互联网治理的高度重视。2009 年 12 月到 2010 年 5 月底，中央外宣办等九部门联合开展了深入整治互联网和手机媒体淫秽色情及低俗信息专项行动。这次专项整治活动，在原有的七部门基础上，还加入了两个部门协同配合相关部门做好互联网治理工作，取得了显著成效。4 年之后，党和政府又开展了"扫黄打非·净网 2014"专项行动。这次专项整治行动的力度是空前的，网络空间的不良信息得到了净化，网络秩序得到了有效维护。互联网治理工作所取得的巨大成绩是值得充分肯定的，但也不免存在一些值得深思的问题，其中最主要的就是互联网治理策略缺乏系统性，没有从"建用管"等方面全方位依法治理，而是在某一方面"单打独斗"。"建用管"对于互联网治理而言，是一个立体性的系统。仅仅注重其中某一个方面，而忽视了其他方面，很容易造成网络治理的疏漏。网络治理缺乏系统性的后果是：党和政府虽做了很多的有益性工作，但不良网络信息仍屡禁不止，破坏网络秩序的行为仍屡有发生。因此，实施系统性的互联网治理策略是当务之急。

2. 互联网治理法律法规体系不够健全

依法治网首先要有依据，而这个依据就是法律法规。从目前的情况来看，互联网方面的法律法规体系包括以下几个层次：一是《宪法》的有关条款内容；二是《民法》《刑法》《广告法》《保密法》《著作权法》等相关条款；三是《出版管理条例》《广播电视管理条例》等行政法规中的有关条款；四是国务院所属部委发布的专门管理规章，如《互联网信息服务管理办法》《互联网新闻信息服务管理规定》。分析发现，以上法律法规体系制定的时间较早，对日新月异发展的互联网来说，早已不能适应发展需要。基于现实的需要，近年来，我国相继密集出台了《全国人民代表大会常务委员会关于加强网络信息保护的决定》（2012 年）《关于办理利用信息网络实施诽谤等刑事案件适用法律若干问题的解释》（2013 年）《即时通信工具公众信息服务发展管理暂行规定》（2014 年）《关于审理利用信息网络侵害人身权益民事纠纷案件适用法律若干问题的规定》（2014 年）。梳理现有的法律法规发现，互联网方面法律法规体系已不能适应其发展的需要，急需制定新的法律法规以适应时代发展的要求。因此，建立健全的互联网治理法律法规体系是核心要义。

3. 网民的法治意识还没有完全形成

几千年的人治社会，使得很多人遇事、遇到问题时的应对策略就是找熟人、找关系、泄愤，更有甚者实施报复，而不是利用法律武器来保护自己的正当权利和合法利益，利用法律妥善地解决问题。在网络上，诸如此类的情况就体现得尤为明显。有些网民具有明显的"罗宾汉情节"，对社会人群进行一种过于简单化的分类并做出善恶判断，进而做出所谓的"扶弱抗强"行为。有些网民具有明显的暴力化和泄愤情绪，如网上窥私、人肉搜索、网络诽谤，或带有民粹化倾向，以暴制暴、以恶惩恶。为吸引眼球，层出不穷的悬疑新闻与标题党信息，都充分说明网民带有明显的主观、片面、夸张、窥私、炫奇色彩。正如学者指出的那样"网络监督受到非制度化、情绪化、娱乐化、自由化的实践现状困扰"。① 以上网民的种种表现都充分说明，中国网民的法治意识还没有完全形成。因此，提升网民的法治意识是必然选择。

三、推进网络空间治理法治化的路径

推进网络空间治理法治化的路径为：依法办网是基础，依法上网是重点，依法管网是关键。

（一）基础：依法办网

要加强对网络平台出资方、主办方的法治教育和政策宣讲，使其内心树立依法办网的思想认识，严格审查审批新办的网络平台。相关部门要依法加大对新建或改版的官方网站、论坛，以及单位内部局域网网站的审批力度，督促单位网站做好备案、实名注册等方面的要求，从源头上把好关口，为网络治理法治化打下基础。要加大网络网站的监督检查力度。各系统要组织专门人员对本系统网站进行督促检查，做好过程中的指导，发现存在违规违法情况须要求勒令整改。要积极开展优秀网站网络评选活动。各系统要组织开

---

① 陶鹏. 网络监督面临的实践困境与化解路径. 重庆理工大学学报（社会科学版），2014（4）：94-95.

展十佳网站网络评选活动、优秀网站评选活动等，对于优秀网站，要给予一定资助，鼓励建设优秀网站，营造良好、正面、积极的办网氛围。如上海市优秀网站评选活动、山东省优秀网站评选活动、全国高校百佳网站网络评选活动，以及各行业开展的优秀网站评选活动都起到了很好的带动效果。要努力建立一批积极向上的网上社会组织，建设好网络评论员队伍，推出更多凸显"正能量"、彰显主旋律的网络意见领袖，以更好地引领网络舆论，发挥网络的正面引导作用。

（二）重点：依法上网

要加强公民合法上网教育。利用各种方式，加强对网民合法上网的教育力度，督促网民严格遵守国家法律法规，正当合法用网，不得利用互联网从事违法犯罪活动，一旦发现，严格依法处置。要切实提高网络法律意识。加强宣传教育，提高网民法律意识，强化自律意识，树立净化网络空间人人有责理念，引导网民遵法守法，做"好网民"。要注重网络舆论引导，发挥榜样示范作用，政府机关公务员、社会精英、知识分子等群体要带头依法上网，结合自己工作实际，理性慎重发言，充分展示职业良好形象，身体力行，以自身行动影响和带动全社会依法用网。网络意见领袖（大 V）要坚守"七条底线"，做到理性上网、良心发言、务实转播，做好网民表率，做正能量的传播者。

（三）关键：依法管网

国家要加快网络管理的法律法规制定，根据互联网发展需要，积极出台相应的法律法规，搭建互联网领域的基本法律框架，为依法管网奠定法律基础。各系统、各行业要根据互联网发展实际情况对现有规章制度进行完善，切实加强对局域网的监管和建设，建立属地管理责任追究机制，对网络管理不力、造成重大影响的单位和个人严肃追责。建立考核激励制度，每年对网络管理工作成绩突出的单位给予奖励。依法做好网络舆情监测与处置工作。构建各级政府网信办、相关单位及网络媒体的沟通机制，加大交流沟通力度。构建各级政府网信办、相关单位及网络媒体的研判机制，定期进行交流、沟通、共享、分析网络舆情内容及发展态势，及时回复解决网民举报或咨询服务，妥善处置网络舆情。注重柔性处置网络突发事件，充分考虑各方利益需求，尤其是网络突发事件发起者的切实利益，线下要多沟通、多协调，在不违背原则的情况下，尽可能满足发起者的利益需求。加大网络管理工作队伍法治教育力度。注重对从业人员的培训,尤其是加大对核心成员的法治教育力度,提高其进行违法信息处置的主动性和自觉性,切实增强法制观念和职业素养。①

---

① 徐蕾. 依法治网让网络空间更清朗. 人民日报海外版,2014 – 10 – 31.

基于省级政府的网络舆情监管工作体系探析

　　摘　要： 网络舆情监管就是要从海量、动态、交互的网络信息中及时识别、发现、处置有价值的舆情信息。它在为政府决策提供参考，在净化网络环境、维护人民群众切身权益、促进社会安定和谐等方面发挥着重要的作用。目前省级政府网络舆情监管在工作思维、工作机制和业务能力上尚存在一些问题，需要从内容分级、任务范围、手段方法、运行机制、保障机制 5 个方面来构建网络舆情监管工作体系加以解决。

　　关键词： 新媒体；省级政府；网络舆情；监管

　　随着网络媒体的日益发达和网民数量的不断增加，互联网已成为民意表达的主要空间。网民的言论不可预见地掀起一波又一波的浪潮，影响着现实社会稳定团结的局面。政府通过构建网络舆情监管工作体系，可全面提升网络舆情监管工作水平，有效应对处置突发网络舆情。目前在我国，网络舆情信息监测、预警、处置等相关工作是政府的一项常规工作，但在这方面的系统研究尚处于起步阶段。基于此，开展省级政府网络舆情监管工作体系研究具有重要的现实意义。

一、重要性：网络舆情监管工作不可或缺

（一）为政府决策提供参考

　　互联网给人们提供着海量的信息，古人云"智慧在民间"，人民的力量和智慧是无穷的。互联网上有很多具有建设性的观点，也有很多为政府出谋划策的建议，以及反映民情、社情的意见。加强对网络舆情信息的监管，有助于政府

收集人们的建议，积聚民间智慧，为政府决策提供参考。

（二）净化网络环境

网络是把"双刃剑"，在给我们提供便利同时，也给犯罪活动提供了机会。网络中充斥着虚假信息、鼓动信息，极具诱惑性、煽动性、欺骗性，难以分辨，容易使人困惑，尤其是对于涉世不深的青少年、文化程度不高的农民兄弟危害极大。因此，加强网络舆情信息的监管，有助于及时发现这些有害信息，及时处置，净化网络环境。正如学者指出："构建积极的网络监控体系，才能还原网络本真的善良与正义，带给社会和公众有保证的正能量。"①

（三）维护人民群众切身权益

我国处在"战略机遇期"的同时，也处在"矛盾凸显期"。社会转型期，积压问题增多，矛盾积聚。网络上会第一时间报道现实社会中损害到人民群众切身利益的事件，如民生问题、拆迁问题、医疗问题等。通过网络舆情信息监管，可以及时发现这些问题，及时反馈政府相关职能部门，及时处置化解。针对共性问题，出台相关制度规定，切实维护人民群众合法权益。

（四）促进社会安定和谐

网络已成为社会变化的"晴雨表"。《中国社会舆情与危机管理报告（2011）》指出，新媒体（互联网）正日益成为众多舆情热点的首发媒体，在2010年138起社会舆情热点事件中，新媒体首次曝光的为89起，占65%，比2009年的56%提高了9个百分点②。因此，通过网络舆情信息监管，在第一时间内获得最新网络民情，并进行研判，可及时化解社会群体性突发事件。同时，针对共性的问题，相关部门进行全面排查，可化解矛盾纠纷于萌芽状态。另外，西方发达国家亡我之心不死，持续输出其意识形态、价值观，大力进行政治、文化渗透，制造虚假反动信息③。因而，加强对网络舆情信息的监管，有助于

---

① 陈德权，王爱茹，黄萌萌. 我国政府网络监管的现实困境与新路径诠释. 东北大学学报（社会科学版），2014（2）：176.

② 佚名. 微博正日益成为舆情热点的首发媒体.（2011 - 07 - 23）. http：//www. Ceh. com. cn/ceh/jryw/2011/7/23/83255. shtml.

③ 李叶宏. 西安大学生网络政治参与问题及其应对. 重庆理工大学学报（社会科学版），2014（8）：101.

及时发现这些信息，及时处置，防止网民上当受骗，受其影响，从而切实维护网络环境及现实社会的安定和谐。因此，"重视网络安全问题的解决，提高网络监管工作有效性刻不容缓"①。

二、现状分析：省级政府网络舆情监管工作现状及存在问题

（一）网络舆情监管工作现状

中央高度重视互联网信息工作，于 2011 年 5 月挂牌成立国家互联网信息办公室。其主要职责包括落实互联网信息传播方针政策和推动互联网信息传播法制建设，指导、协调、督促有关部门加强互联网信息内容管理，依法查处违法违规网站等。随后，各省市成立互联网信息办公室，并往下延伸，加之公安系统、通信管理部门加入，形成了一套完整的网络监控系统。尤其要指出的是，在专业网络舆情分析师的培养上，成立了全国网络舆情技能水平考试项目管理中心，开展基于网络舆情相关能力的水平等级考核和培训，对考试合格者，工信部教育与考试中心颁发相应的职业技能水平证书。此外，著名网站及重点高校的舆情监测室也是重要的监测机构，如人民网舆情监测室、天津市社科院舆情研究所。2014 年 2 月 27 日，中央网络安全和信息化领导小组成立。目前，国家互联网信息办公室承担中央网络安全和信息化领导小组交办的具体任务。各省市按照中央要求成立了相应的领导小组和机构开展工作。党政部门应对网络舆情危机的机制逐渐成熟，应对能力逐渐提高。

（二）监管工作存在的问题

调查发现，主要存在以下几个问题：一是在工作思路上"一盘棋"的工作格局还没有完全确立。目前，在网络舆情监管工作上，省级各部门、市（区）还存在各自为战的情况，一些部门、市（区）"各扫门前雪"，全局统筹协同意识不强。二是在工作机制上未形成科学有效的沟通协作机制。在核心部门层面，网信、网安、国安等均有参与，但协调联动不足、统筹整合不力。省级各部门网络舆情监管工作力量分散、联动不足、效果欠佳，网络舆情监管工作制度不健全，指定专人负责的市级部门、市（区）比例不高。三是业务能力需要提升。

---

① 杜昆. 网络安全与网络监管问题及其策略研究. 统计与管理，2013（4）：141.

许多工作人员对网络舆情信息的敏感度还不高、甄别力还不强，对监管手段、方法掌握和运用得还不到位，对舆情的研判能力还需提高，对舆情的发展、走势还不能有效判断和把握。此外，由于工作的特殊性，工作压力大、人员不足也是常见问题。

三、解决办法：构建省级政府网络舆情监管工作体系

（一）内容分级

网络舆情根据内容敏感、民众关注、传播扩散、态度倾向、时间延续、是否涉外等指标，评判网络舆情的级别。其中，在内容敏感度上重点考虑舆情信息内容的敏感性如何。在民众关注情况上，重点考虑舆情信息的活性，关注转载量变化、累计转载数，跟帖点击变化、累计跟帖数，点击量变化、累计点击量，发帖量变化、累计发帖数等。在传播扩散情况上，重点考虑网络信息分布、覆盖面、信息流量变化等。在态度倾向上，注重观察舆情信息反映的态度倾向、动向。在时间延续上，重点观察舆情信息的持续时间。是否涉外，重点考虑是否涉及国际问题。根据以上指标，结合本地区实际可将网络舆情分为三级、四级、五级等不同等级。

（二）任务范围

辩证唯物主义认为，事物的主要矛盾和矛盾的主要方面决定事物发展方向及具体表现。工作中抓住重点，会起到事半功倍的效果。在网络舆情信息监管工作中也要有监管的范围。重点监测境内外主要新闻网站、主要商业网站、重点社会思想性网站、重点社区论坛、博客、微博、微信、语音、图片和视频及移动客户端等，以及省（市）门户网站、论坛等。各省（市）根据本地区实际确定具体网络平台。

（三）手段方法

主要利用专用工具监管。随着网络舆情理论和网络舆情监管技术研究的深入开展，国内外学者和相关单位纷纷尝试将研究成果运用到实际的舆情监管工作中去，开发相应的系统并提供相关的信息服务。据介绍，目前市场上的网络舆情监管软件可以分为4类：第一类专业的计算机软件设计公司提供的付费监管软件。这类公司技术实力较为雄厚，软件抓取网络舆情数据能力较强。第二

类主流媒体设计开发的软件。如人民网舆情监测室（北京人民在线网络有限公司）研发的舆情监测应急指挥系统——"在线通"。第三类高校或学术机构研发的软件。第四类则由政府部门自身成立研发机构开发的软件①。目前在市场占主流的是第一类型监管软件，由专业的计算机软件设计公司设计。根据市场需要，从对网络内容监管的准确性、网络内容监管时效性、网络内容监管全面性三方面评价舆情监管软件。常用舆情监管系统有军犬网络舆情监控系统、麦知讯第三方网络舆情监控系统、红麦软件舆情监测系统、邦富舆情监测系统、美亚舆情监测系统、TRS舆情监测系统等。此外，还可利用搜索引擎监测、关键词巡查等方法。各省（市）根据实际确定具体监管工具和手段。

（四）运行机制

在工作流程上，主要包括信息监测、汇集、筛选分级、甄别研判、上报、处置、备案等几个环节，各省市可根据实际进行增减。在具体工作中，各相关方要善始善终，从发现舆情信息到上报，再到处置，直至舆情信息处置结束，形成回路。各方面形成回路，能保证舆情信息跟踪到底，确保工作落实到实处。

在任务分工上，省（市）网信办牵头抓总，负责各类网络舆情信息汇集、分类、整合、筛选、研判等技术处理。每周召开舆情信息工作通气会。省级网信办在全省（市）网络舆情监管工作中担负牵头抓总的作用，联合网安、通管等重点部门的监管力量，形成省级核心监管体系，负责各类舆情信息的汇集、分类、整合、筛选、研判及处理。公安部门结合自身职能，监管网络舆情信息，尤其是涉及社会安全稳定方面的舆情信息，并及时与省（市）网信办共享。省（市）电信等通信部门要加强对上网用户的管理。通信部门要根据国家有关互联网管理的法律和规章制度，实行用户实名登记制度，做好网络用户的登记备案工作，从源头上准确掌握用户信息，工作中发现有价值信息，及时共享交流。各省级党政机关、省属事业单位结合本单位实际，建立所属监管队伍，配合开展舆情信息监管工作，及时向省（市）网信办报送有价值舆情信息。各市（区）组织本级党政机关、事业单位和辖区县乡镇（街道）等组建舆情信息监

---

① 郝文江，马晓明，武捷. 网络舆情现状分析与引导机制研究. 全国计算机安全学术交流会论文集. 北京：中国科学技术大学出版社，2010.

管队伍，开展舆情信息监管工作。在队伍建设上，建立省级网络舆情信息监管队伍体系，形成省、市、县、乡镇四级监管机制，组建专兼结合、内外交织的立体化监管队伍。上述网络舆情监管队伍主要负责巡查监测各大网站，特别是网上论坛、博客、微博、即时通信工具等互动平台。

（五）保障机制

建立联合监管、信息共享联动机制。省级政府网络舆情监管工作由省（市）网信办牵头，统筹全省（市）各市、县监管力量，建立全省网络舆情联合监管机制，共享舆情信息，省级各部门重点做好本行业领域的网络舆情监管。在分工同时，注重合作。整合全省各部门、市县监管力量，落实专人，统筹部署监管重点，实现全网 24 小时不间断联动监管，确保全省网络信息监管规范有序。建立联动机制，加强与上级部门、兄弟省市的工作联动，争取上级部门、兄弟省市的支持和帮助，实现信息共享、联动处置。建立属地管理责任追究和考核奖励制度。各市、县及各单位网管部门负责本地本行业本单位网络舆情的监测和报送，发现舆情要与本地本级应急部门沟通，第一时间掌握有关实体舆情信息。根据相关文件规定，对舆情信息监管不力，凡迟报、漏报、瞒报、虚报、拖延、错报信息和违反保密规定的，要予以责任倒查，追究相关人员责任。将互联网信息监管工作纳入宣传思想文化工作年度考核，对于报送有价值信息的人员要给予奖励，每年对信息监管工作成绩突出的市、县、部门分等次给予一定奖励。

传统媒体舆论与网络舆论的异同分析

摘 要：网络舆论是舆论中的一种，具有大致相同的发展阶段及舆论所具有的一般特征，但作为一种特殊的舆论形式，它因媒体不同而具有不同的场域、范围，有其自身内涵和管理对策。不同之处表现在网络舆论主体间的交互性、匿名性、平等性，内容的丰富性、多元性、难控性，形成的快捷性、原生性、易变性，影响深远、巨大，但具有非理性、盲目性和弱权威性，而传统媒体舆论更具有理性和权威性，两者趋于合作，优势互补。

关键词：舆论；网络；内涵；差异

辩证唯物主义认为，尊重客观规律是发挥主观能动性的基础和前提。当下，传统媒体舆论与网络舆论共存并相互影响。做到有的放矢的前提是需要认清工作对象，基于此，文章对传统媒体舆论和网络舆论的内涵、管理进行综述，并分析传统媒体舆论与网络舆论的异同。

一、传统媒体舆论与网络舆论的内涵分析

（一）舆论的内涵

"舆论"则舆人之论，词中"舆"本意是车厢或轿。"舆人"则指推车的人或抬轿的人，后引申为众人。古书中"舆论"的意思指公众的意见或者言论。国内学者、中国人民大学教授陈力丹指出"舆论是公众关于现实社会以及社会中的各种现象、问题所表达的信念、态度、意见和情绪表现的总和"，具有相对的"一致性、强烈程度和持续性"，对"社会发展及有关事态的进程"产生"影响"，其含有理智和非理智的成分。界定包含舆论的八个要素，即舆论是否

存在，有八个衡量的要素。包括舆论的主体，即公众；舆论的客体，即现实社会以及各种社会现象、问题；舆论自身，即信念、意见和情绪表现的总和；舆论的数量，即一致性程度；舆论的强烈程度；舆论的持续性，即存在时间；舆论的功能表现，即影响舆论客体（社会发展及有关事态的进程）；舆论的质量，即理智与非理智的成分。从以上八个方面来衡量（判断）舆论就容易多了。①舆论的外延是指各种形态的具体舆论，如新闻舆论、网络舆论等。学者喻国明认为，舆论有三种基本的表现形态：潜舆论、显舆论和行为舆论。

（二）网络舆论的内涵

网络已经成为信息传播的主要渠道之一。对于网络舆论的界定如同对舆论界定一样，目前没有统一的概念。桑丽认为，网络舆论是指"社会公众或社会组织机构通过网络对客观社会表达的意见"。进一步讲，邓新民认为是"表达的具有影响力的意见"。聂德民认为，网络舆论就是"在互联网上传播的公众对某一焦点所表现出的有一定影响力的、带倾向性的意见或言论"，是"通过网络所体现出来"的社会舆论。王海龙认为，网络舆论指借助网络传播技术，在互联网上形成或传播的（网络）公众对各种社会现象、问题（经济、政治、文化和社会）所表达出的多数人的有一定影响力的意见或言论，具有相对的一致性、强烈程度和持续性。笔者认为，网络舆论是舆论中的一种，一定具备舆论所应具备的条件。基于此，王海龙所表述的定义更具全面性。目前的主要实现方式有 BBS 论坛、公共聊天室、博客、微博和新闻跟帖等。②

二、传统媒体舆论与网络舆论管理策略分析

（一）舆论的管理

舆论管理在我国随着改革开放及舆论日趋活跃而备受关注。学者指出，管理是指按照客观事物的规律而限制它的非规则性变化，舆论管理的全部行为与措施就是遵守规则。其价值在于用规则对人们的意见、交往进行引导和限制，其目标是保障公民知晓各种观点、认识自己所面临的问题，解决好舆论参与者

---

① 陈力丹. 舆论学——舆论导向研究. 北京：中国广播电视出版社，1999.
② 王海龙. 网络舆论与执政党的舆论引导工作. 北京：中共中央党校出版社，2008.

之间、参与者与管理者之间、不同层级管理者之间的关系。① 学者认为，狭义的舆论是社会舆论或公众舆论的简称，又称公共舆论。从公共性角度，舆论管理是指舆论管理主体为了维护和改善舆论的公共性，针对"社会舆论的内外资源而进行的组织协调监测和控制"，具体表现在"及时应对和处理舆论问题，制定舆论目标，有目的有计划地设置公众议程，培育和营造有利于管理者与社会公众及其他社会主体之间关系的舆论环境"。在现实性上讲，后者的关于舆论管理的定义更具有代表性。但同时，在具体实施中，要把握分寸，防止出现极权主义行为。政府作为公权力主体，既要正确处理公权力自身与其他舆论管理主体、传播媒体、个人之间的关系，又要明确各方主体的权力、责任和义务，做到各主体之间关系的和谐，实现舆论管理的价值与规律的统一。②

（二）网络舆论的管理

在网络舆论的管理上，国外目前最主流的归类办法是把网络归属于传统广播电视的管理行列。这与国内不同。目前国外有代表性的网络舆论管理方式主要包括政府立法管理、技术手段控制、网络行业与用户自律、市场机制的调节四种。各国的惯常做法是结合自己的具体国情，确立某种方式为主导，以其他的方式作为辅助手段。我国目前成立了国家互联网信息办公室，从网络舆论传播主体和非法传播网络舆论的惩治等方面对网络舆论进行了立法规范，加强互联网信息内容管理。学者李娜指出，我国应参照国外网络舆论的管理经验，宏观和微观两个层面建立多管齐下的"综合式管理体系"。宏观层面包括法律对网络舆论的管理要在谨慎中前行、加强网络道德规范建设和行业自律、技术控制，微观层面包括强化"网络把关人"的作用、培养"意见领袖"引导网络论坛主流舆论、连通传统媒体扩大引导合力效应。③ 学者桑丽认为，网络管理包括"依法管理、民主管理和技术管理"。重点指出的是，在民主管理上承认政党和政府管理网络舆论的"有限性"，要重视发挥"行业、企业、个人自律"作用。④ 学者刘慧君从政府角度指出在网络舆论管理中政府应维护公众表达自由、

① 纪忠慧. 试论舆论的规则管理. 国际新闻界, 2006（10）.
② 纪忠慧. 舆论管理创新的理念及实现方式. 南京社会科学, 2012（10）.
③ 李娜. 网络舆论管理研究, 北京：中国政法大学出版社, 2009.
④ 桑丽. 网络舆论研究. 北京：中共中央党校出版社, 2011.

适度干预引导网络舆论、健全网络舆情联动应急机制、提高网络媒体从业人员及网民的素质、引入非政府组织参与管理。①

综上，网络舆论管理上要以人为本，推进信息公开，建设服务型政府，做强主流媒体，培养政府的"意见领袖"；同时加强立法和技术管理，强化行业和网民自律，引入社会组织。

三、传统媒体舆论与网络舆论的异同分析

（一）传统媒体舆论与网络舆论相同之处

从发展历程上分析，舆论早于媒体的出现。在媒体出现之前，人与人进行直接的交流沟通，不断积聚的相同意见形成了舆论。不论是网络舆论还是传统媒体舆论，都是社会舆论的一部分，并交互形成着新的社会舆论。在互联网出现之前，传统媒体舆论就是社会舆论。正如学者所言"在没有网络之前，中国的舆情是比较简单的，它基本上等同于舆论，而舆论又和媒体画等号，所以，在一定意义上，媒体就成了民意的代言人"。② 因此，网络舆论与传统媒体舆论都是舆论，具有大致相同的发展阶段及舆论所具有的一般特征，它们因媒体不同而具有不同的场域、范围，可相互作用，促成更大影响范围的社会舆论。

（二）传统媒体舆论与网络舆论不同之处

与传统媒体舆论相比，网络舆论具有如下特点：一是网络舆论主体间的交互性、匿名性、平等性。网民可以平等地与其他网民相互交流，自由发表意见。二是网络舆论内容的丰富性、多元性、难控性。在网络上，传播者的话语主导权和控制权被打破，网民可以发表自己不同的意见或选择听还是不听。三是网络舆论形成的快捷性、原生性、易变性。由于网络的即时性和几何聚积递增的特性，使得网民关心的议题，在非常短的时间内引发全社会的关注。四是网络舆论影响的深远和巨大。网络代表了一种对抗传统媒体的议程设置能力以及对抗政府、政党的权力，这对传统媒体造成了巨大冲击，也推动国家民主进程。③

---

① 刘慧君. 政府管理网络舆论研究. 北京：西南政法大学出版社，2010.
② 刘宏. 媒体和舆情的关系. http://qnjz.dzwww.com/qybg/201111/t20111102_6738285.htm.
③ 王海龙. 网络舆论与执政党的舆论引导工作. 北京：中共中央党校出版社，2008.

此外，网络舆论还具有非理性、盲目性和弱权威性。与网络舆论相比，传统媒体舆论也具有自身的特点。传统媒体舆论更具有理论性和权威性。但原因在于传统媒体受政府指导干预较强，发展成熟的新闻理念，能把握新闻内在规律，从业者有良好的职业道德，同时有健全的奖惩制度。而这些都是网络媒体所不具备的条件。

（三）传统媒体与网络之间的关系

马克思以战斗的檄文来揭示当时的资本主义社会，唤醒工人阶级团结起来。他在《新莱茵报创办发起书》中提出："报刊最适当的使命就是向公众介绍当前形势、研究变革的条件、讨论改良的方法、形成舆论、给共同的意志指出一个正确的方向。"[①] 主张无产阶级要积极主动地运用报刊来提升公众认识，影响社会舆论。当下的传统媒体和网络均具有这项功能，他们之间相互作用，互为支持。一方面，网络推动传统媒体发展，成为传统媒体的重要新闻来源之一，传统媒体从网络爆料中挖掘出新的事实，阐发理性、公正和精辟的评论，如电视节目《网罗天下》《天下被网罗》等。体制内的传统媒体关注和回应网络舆论，对敏感事件的解决起到"一锤定音的作用"。另一方面，传统媒体可为网络互动空间提供信息。电视、报纸上的某些信息也是网民讨论的重点内容。网络新媒体虽有自身优势但却不具备传统媒体固有的资源和公信力，两者趋于合作，优势互补。

---

① 马克思，恩格斯. 马克思恩格斯全集：第 43 卷. 北京：人民出版社，1982：128.

浅析网络舆情的传播途径特点、规律及监测对策

摘　要：网络舆情传播途径包括新闻网站舆情传播、"意见领袖"舆情传播、网民舆情传播，具有交互式、跨时空、多媒体、虚拟性、广泛性的特点，传播规律包括信息相对价值规律、信息梯度转移规律、信息循环规律，在监测时要把握网络舆情的负面性、模糊性、突变性、集中性特征，并加强对舆情信息级别的判断和部门间舆情监测处置的协作。

关键词：网络；舆情；途径；特点；规律；监测

信息传播经历语言传播时代、文字传播时代、印刷传播时代过渡到电子传播时代，互联网的出现将信息传播推向了更高层次。随着网络媒体的日益发达和网民数量的不断增加，互联网已经成为民意表达的最主要空间。网民的言论不可预见地掀起一波又一波的浪潮，影响着现实社会稳定团结的局面。因此，对网络舆情传播途径特点、规律及监测做一梳理和分析具有一定的现实意义。

一、网络舆情监测已成为重要工作

互联网的迅速普及使其成为信息传播的主要载体，而且具有其他传统媒体所不具备的优势，其作用和地位日益凸显。"不断建立和继续完善舆情信息汇集和分析机制"在党的十六届四中全会中被写入了《中共中央关于加强党的执政能力建设的决定》，表明网络舆情研究作为舆情研究的热点问题之一，更是备受重视。在政府的推动下，网络舆情监测成为政府部门、学术界开展研究的热点之一。尤其是大数据背景下，网络舆情监测将显得更加重要，作用更加突出。2014年2月27日，中央网络安全和信息化领导小组宣告成立。面对我国网络管

理体制"九龙治水"的管理格局，2013年以来，中国政府采取了一系列重大举措加大网络安全和信息化发展的力度。目前，网络舆情信息监测工作已成为政府一项基本工作内容，各级政府都在开展。现实工作中存在机遇的同时，挑战也不容忽视，需要及时发现，及时解决，这就给网络舆情监测工作提出了更高要求。对此方面的工作进行总结，加强此方面工作的研究，可推动这项工作的有效开展，满足社会经济快速发展的需要。

二、网络舆情传播的途径、特点、规律

国内网络重点舆区。人民网舆情监测室发布的中国互联网舆情分析报告，选取的数据来自天涯社区、凯迪社区、强国社区，新浪微博和腾讯微博，人人网和开心网。可见这三个社区（BBS）、两个微博网站、两个社交网站，极具代表性。中国传媒大学网络舆情（口碑）研究所发布的《2011中国网络舆情指数年度报告》指出，2011年网络舆情引爆能力排行榜中，新华社（网）、新京报、京华时报、新浪微博名列前四。另一个进入网络舆情引爆能力前15名的为天涯论坛。综上，监测舆区主要包括国内知名的各大网站、论坛、贴吧、博客、所关注的境外网站以及辖区内的一些有影响力的网站，还有互联网各大搜索引擎。具体讲包括：新华社（网）、人民网、中新网、中广网、新京报网、京华网、百度新闻网（贴吧）、腾讯网（微博）、新浪网（微博）、凤凰网、搜狐、网易、财经网、一财网、天涯论坛、凯迪论坛等。

网络舆情主要传播途径，按传播源不同分为三类：一是新闻网站舆情传播。基本是传统媒体在网络时代的新的发声器。主要由新闻报道、新闻评论和新闻跟帖构成。如新华网、人民网、中新网、新京报网、京华网等。二是"意见领袖"舆情传播，主要有意见领袖的博客、微博、个人网站、学术网站。如《2013年中国互联网舆情分析报告》指出，"意见领袖"在舆论场发挥重要作用，300名"意见领袖"影响互联网议程设置，在社会转型期，他们在一定程度上成为民意的代言人，对政府施策施加舆论压力。三是网民舆情传播。社会精英分子和自觉分子可作为代言人，所有组织和个人均可参加。主要包括微博、

社群网站（论坛）、QQ 群、MSN 群。①

国内舆区舆情信息传播特点。学者王慧军认为，网络信息传播具有交互式传播、跨时空传播、多媒体传播、虚拟性传播，以及传播人员广泛性的特点。②武汉大学学者邱均平认为，网络信息传播是集人际传播、组织传播和大众传播于一体的信息传播模式，具有传播模式复合性、传播途径多样性、传播内容丰富性、传播速度即时性、传播操作交互性、传播人员广泛性的特点。③尤其要指出的是，微博搅动传统传播格局，其"裂变式"传播使网络舆情信息强扩散。微博成为各级政府监测的重点。"意见领袖"左右着热点的传播方向和内容，"网络推手"作用不可小视。《2013 年中国互联网舆情分析报告》指出，据统计，全国 103 家微博客网站的用户账号总数已达 12 亿个，其中新浪微博用户账号 5.36 亿个，腾讯微博用户账号 5.4 亿个。随着微博客用户群体的迅速扩大，产生了一批粉丝数超过 10 万人的"大 V"账号。网络"意见领袖"的影响力常常超过媒体和政府在微博中的传播力。据统计研究显示，平时有大约 300 名全国性的"意见领袖"影响着互联网的议程设置，也影响着网络舆情信息的传播。学者刘瑞华认为，网络信息传播规律包括信息相对价值规律（信息对人有不同的价值）、信息梯度转移规律（传播中有信息势差存在）、信息循环规律（信息守恒，信息保持不变）。④综述学者观点，网络信息传播路径、形态、过程、结果分别具有如下规律：从传播路径看，首先是特定事件刺激个体形成个体议程，舆情信息产生；然后，个体议题成为网络社群热议的议题，进入社群层面，是舆情信息传播的关键一环。之后，网络舆情信息再次发酵将成为强大舆论。传播形态趋于多元化、复杂化。传播形态不仅是文字形式，还有图片、视频等多媒体形式，传播过程中线上线下互动频繁。网络信息生于现实社会，并在网络引起热议，再次促使现实事件的发展，通过信息的不断更新，实现线上线下交互影响。传播结果遵循"合力论"。网上各方力量相互制约影响，最终合力决定网络信息传播的效果。我们发现，社群在舆情信息传播中发挥着重要作用。学

① 燕道成．群体性事件中的网络舆情研究．北京：新华出版社，2013．
② 王慧军．网络舆论传播规律及其导向研究．南昌：南昌大学出版社，2012．
③ 邱均平．网络信息传播特点及其对和谐社会建设的积极影响．山东社会科学，2008（5）．
④ 刘瑞华等．网络信息传播规律及应用研究．图书情报研究，2010（1）．

者高宪春指出，社群是舆情事件生成、扩散的关键环节，对这个环节的积极干预，对释放社会紧张情绪、降低舆情事件的负向效应有重要作用。

三、网络舆情监测对策

从信息内容上把握要监测的网络舆情的特征。

第一，负面性。我们承认党和政府在积极占领网络阵地，发挥网络的正面作用。经济社会发展取得了骄人的成绩，但不可否认在发展中也存在一些问题。加上网络的匿名性，网民可以将自己对社会的不满、怨恨都发泄在网络上，把社会中的阴暗面展示到网络上。此外，人们对正面信息的关注度不高，而负面信息的关注度较高，也使得负面信息在网络上有很大市场，导致网络上负面舆情信息占据绝对优势。

第二，模糊性。模糊性，即真假难辨。由于网络的匿名性及网络法律制度的不健全，任何人可以注册账号，在论坛、博客等上发言。有些网民为了私利，就发布一些虚假信息，骗取钱财或实现其他目的。可见，网络舆情信息真假难辨，有时可以假乱真，有时真的可能被认为是假的。

第三，突变性。目前，社会处于矛盾凸显期，人民的主体意识开始觉醒，尤其是弱势群体对自己权益的要求和保护，越来越强烈。在这种条件下，一个小的网络事件，可能在短时间内急剧发酵，加上有组织、有计划地推进，极有可能出现"蝴蝶效应"，导致个别问题扩大化、单一问题复杂化、一般问题政治化。

第四，集中性。网络舆情虽具有多元化，但主要集中在民生和反腐两个方面。当老百姓的切身利益受到危害时，舆论矛头就指向了党和政府，爆料和指出党和政府的体制、贪污腐败等问题。这四个特征要求我们在网络舆情监测时，要注意把握，提高发现重要舆情的准确率和分析判断舆情信息的能力。目前在实际工作中，针对舆情监测软件有时难从海量信息中发现有价值信息，出现偏差的现象。对此，有必要对市场现有的舆情监测软件进行对比分析。对于舆情信息级别的判断还主要停留在定性的评判上，缺少定性的指标量化。要尝试提出网络舆情信息监测指标体系，尝试从舆情发布者、舆情要素、舆情受众、舆情传播、地方区域和谐等方面构建舆情信息监测指标体系。使得舆情信息监测工作更有针对性，更精准化，更有成效。针对各相关单位在舆情监测处置上协作不密切、对接不及时，没有形成常态化和长效化的问题，尝试从技术层面、制度层面构建互助机制，打通网上之间，及网下实体单位间的壁垒。

高校和谐网络舆论环境建设意义、
现状及完善策略探析

　　摘　要： 高校网络舆论已成为高校渗透力、影响力最强的媒介舆论形态，对校园稳定、文化传承与人才培养产生越来越深刻的影响。目前高校和谐网络舆论环境建设主要包括弘扬主旋律，加强制度建设，强化舆论监控、引导，提高大学生自律意识，开展丰富有益的网上交流活动，提供师生咨询服务。在完善策略上，需要坚持紧跟时代与贴近师生的结合，尊重实际与兼顾长远的结合，健全规则与凸显内涵的结合，维护稳定与服务师生的结合。

　　关键词： 和谐；网络舆论；现状；策略

　　高校和谐网络舆论环境建设对校园稳定、文化发展和人才培养有重要影响。构建高校和谐网络舆论环境需要遵循规律，总结前人的经验，并结合实际进行实践探索。基于此，笔者对高校和谐网络舆论环境建设研究现状进行综述，并在此基础上提出高校和谐网络舆论环境建设的完善策略。

一、建设高校和谐网络舆论环境的现实意义

（一）有助于校园安全稳定

　　网络上存在各种各样的信息、思潮，大学生虽有一定的科学文化知识，但正处于青春期的大学生，他们的人生观、世界观和价值观正处于发展定型的关键阶段，他们辨别能力和控制能力不够，极易受其他因素的干扰和鼓动。互联网日益成为西方对我国进行意识形态渗透的重要途径和手段，而高校校园网络无疑是其渗透思想、传播价值的重要场所。因此，构建和谐的高校网络舆论环

境，有助于遏制西方反动信息、西方不良社会思潮在高校校园网络的传播，摒除其生存空间，防止学生受其影响而出现过激行为。学校管理服务中一些敏感问题易成为他们谈论的焦点，如食堂饭菜、学分制等。校园中的生活事件、校园中的突发事件以及涉及大学生切身利益的事情都有可能成为网络舆论的话题。而在校学生大多数是独生子女，他们对现实的期望值较高，遇到一些问题，就易抱怨。甚至部分情感过激的大学生通过校园论坛、贴吧、微博进行情绪宣泄，就上述某些焦点问题发表一些过激言论。这些言论容易在大学生中形成共鸣，形成网络舆论危机，诱发现实中的突发事件。此外，互联网是大学生交流沟通的重要平台，学生自身及学生之间现实中的矛盾、问题有时也会在网上表现出来。构建和谐网络舆论环境，高校管理者能够及时发现这些网络舆情，并在第一时间干预、介入，则可以将一些网络中的潜在危机，消除在萌芽状态，做到防患于未然，切实维护校园的安定团结。

（二）有助于文化传承创新

互联网以不可阻挡之势成为文化交流的重要渠道，网络文化成为当下文明交锋的展现。互联网虽为文化的传播提供了载体，但传统文化能否在互联网的冲击下得到传承和创新成为面临的课题。建设高校和谐网络舆论环境，将以社会主义核心价值体系为引领，构建一个平等、自由、积极向上的网络环境，传统优秀文化得以在网络中传播，并利用网络得到广泛的传承。利用网络技术、多媒体技术将优秀的传统文化向世界传播。此外，中华传统的伦理道德资源又较好地弥补了网络中道德缺失的现状，实现了网络发展与文化传承的良好互补。建设高校和谐网络舆论环境可带动形成和谐的社会舆论，营造良好的社会文化环境。在当下，整治互联网和手机非法不良信息是政府当下一项重要工作，因为网络环境影响到社会环境。高校和谐网络舆论环境可促进形成热爱国家、积极健康、奋发向上的社会环境。良好社会环境有助于青少年身心健康成长，有助于人们身心愉悦，也促进人们自觉追求向上，弘扬主旋律，激发人们的创造性和能动性，使精神文化产品和社会文化生活更加丰富多彩，实现文化的传承创新。

（三）有助于大学办学育人

建设和谐网络舆论环境有助于大学生全面发展。马克思主义认为，实践不仅是"自然界人化""人的本质力量对象化"的过程，而且同时也是"人的自然化"过程。人具有社会的烙印。《吕氏春秋》中谈到环境对人才的影响："墨子见染素丝者而叹曰：'染于苍则苍，染于黄则黄，所以入者变其色易变，无人而以为无色矣。'故染不可不慎也。"可见环境的重要作用。在和谐网络舆论环境中，广大师生在信息交互、资源共享中增进思维模式、知识体系、情感情绪等方面的交流，促使不同主体之间价值观的碰撞与融合，实现师生、学生之间潜移默化的价值引导，学识的相互提升。同时，和谐网络舆论环境促使和谐网络文化的形成，和谐网络文化整合了网络和教育资源、教务信息等。和谐的网络文化环境促使高校学生的学习方式由传统的灌输转变为更为积极自主学习，丰富学生的知识渠道，提高学生探索和创新意识。帮助大学生摒除网络负面信息的不良影响。高校建设和谐网络舆论环境，可从校园网络舆论动态分析中，了解大学生的思想动态，从而将网络舆论监控和教育引导有机融合起来，指导大学生认清负面信息存在的原因及本质，以更多积极健康、正面鲜活的素材，推动正能量的传播，鼓励学生自主思考，帮助大学生树立正确的价值取向。

二、高校和谐网络舆论环境建设的研究现状

（一）高校和谐网络文化建设

学者刘爱萍提出，加强高校管理模式以及网络硬、软件管理的创新，增强大学生参与高校网络道德建设的意识，发挥高校校园文化建设、心理辅导等作用。学者杜鹏指出，要政策重视，统一规划校园网的建设和管理；因势利导，创建良性健康网络环境；积极开展"网上""网下"文化活动，加强学生"上网自律"；转变观念，建立网上辅导园地。[1] 学者吕新云指出，高校网络文化建设必须发挥党的领导核心作用，确保高校和谐网络文化建设的正确方向；用社会主义核心价值体系武装大学生的头脑；要多管齐下，培育平等、友好、互助、和谐的网络交往环境。此外，学者李军认为，目前的网络社区尚处于初级伦理型网络社区，通过自律和他律的作用，网络社区将趋于理性，走向成熟伦理型

---

[1]　杜鹏. 重视高校网络道德教育构建校园和谐网络文化. 河北理工大学学报（社会科学版），2008（8）.

网络社区。①

综上，在高校和谐网络文化建设上，学界普遍认为要以社会主义核心价值体系为引领，加强制度建设，注重对师生的道德、心理健康教育，发挥校园文化与网络文化的互动作用，实现师生自觉自律。

（二）高校和谐网络舆论环境建设

学者吕新云认为，首先网络主管部门要加强对网络的管理，严防各种有害信息在网上传播，规范上网行为，净化网络环境。其次，要开展网络个性化服务，提供咨询帮助。最后，要开展形式多样、内容健康的网络交际活动，建立学生与学校、教师及同学之间的交流平台。② 学者冯庆宏认为，高校和谐网络舆论环境的建设要大力弘扬社会主义核心价值体系，坚持正确的网络舆论导向，提高网上舆论引导能力，着力加强网上主流舆论阵地建设。③ 学者杨晓峰认为，建设积极和谐的高校网络环境应增强网络道德意识和法律意识，创建多个网络交流平台，引导学生合理使用网络，成为思想政治教育的新途径。④ 学者秦继红认为，高职院校和谐网络交流环境的构建要利用校园网渠道弘扬先进文化，提高高职大学生的鉴别能力和应用能力，主动防范消极影响；同时充分利用学校管理资源，加强对网络信息的监控和分析，建立健全网站制度。⑤

综上分析，高校和谐网络舆论环境建设要弘扬主旋律，加强制度建设，强化舆论监控、引导，提高大学生自律意识，开展丰富有益的网上交流活动，提供师生咨询服务。

三、高校和谐网络舆论环境建设的完善策略：坚持四个结合

（一）紧跟时代与贴近师生的结合

互联网充斥着各种良莠不齐的信息。马克思在《〈政治经济学批判〉序言》

---

① 李军，李伦. 成熟伦理型网络社区的生成机制. 中南林业科技大学学报（社会科学版），2009（2）.

② 吕新云，张社强. 高校和谐网络文化建设探析. 教育探索，2009（10）.

③ 冯庆宏，王刚清，王延年. 略论高校和谐网络舆论环境的建设与管理. 天津农学院学报，2012（2）.

④ 杨晓峰. 高校建设和谐网络环境思要. 焦作大学学报，2012（2）.

⑤ 秦继红. 论高职院校和谐网络交流环境的构建. 河北广播电视大学学报，2009（2）.

中指出："物质生活的生产方式制约着整个社会生活、政治生活和精神生活的过程。不是人们的意识决定人们的存在，相反，是人们的社会存在决定人们的意识。"① 改革开放以来，我国逐步推行经济体制改革，使资源配置方式逐渐从计划经济转向了市场经济，社会上也产生了与市场经济相应的阶层，加之相对宽松的政治文化氛围，当下中国存在传播西方社会思想的土壤。加之开放程度的逐步深化，西方发达国家的有意渗透，国内互联网出现宣扬西方社会思想的舆论。西方社会思想本质是资本主义的意识形态，冲击着马克思主义的指导地位，迷惑着大学生的价值取向。为应对西方社会思想的传播，建设高校和谐网络舆论环境要以社会主义核心价值体系为引领，以社会主义核心价值观为导向，保证建设的方向和目的。网络技术发展迅速，大学生对数字产品期望较高，建设高校和谐网络舆论环境要抓住时代的脉搏，紧跟时代发展潮流。要坚持"贴近实际、贴近生活、贴近师生"的原则，注重人文关怀，尊重师生的主体性，满足师生正当需要。如在学校官方网站的建设上，应突破传统单一的文字、图片模式，增加视频、音频、微博互动等内容，提高网站的吸引力。积极建设集教育、交流、娱乐于一体的综合性网络服务平台。同时，尊重师生、爱惜师生、保护师生、方便师生。学校尤其在处理网络舆论危机中，应该从师生的角度出发，为师生着想，尊重公众发言权和公众知情权，着眼于解决师生关心的问题，只有这样，才能从根本上、源头上构建和谐的网络舆论环境。

（二）尊重实际与兼顾长远的结合

矛盾的普遍性和特殊性原理要求我们一切从实际出发，理论联系实际。实事求是是各项工作的基本准则。唯有尊重实际，才有可能取得实效。高校和谐网络舆论环境建设要从实际出发，结合高校这一特殊的社会组织，结合教师、大学生掌握文化知识相对较丰富的实际，把握和遵循网络舆论的特征、规律，发挥现有资源的最大效益，提出切合实际的具体措施。同时考虑科技发展日新月异，尤其是信息通信技术带来了人类知识更新速度的加快，知识的更新也促进技术发展。因此，在高校和谐网络舆论环境硬件的建设上，要有战略眼光，兼顾长远，配足、配齐、配好网络相关硬件设备，要保证网络平台的兼容性和

① 马克思，恩格斯. 马恩选集：第 2 卷. 北京：人民出版社，1972：82.

扩容性，使得学校网络基础设施在一个相当长时期内保持与学校发展相匹配，给师生提供一个良好的网络硬件基础。

（三）健全规则与凸显内涵的结合

马克思主义认为，在共产主义之前，人没有实现真正的"自由"，仍受到规则和条款的约束。在人的素质没有达到共产主义要求的"极大提高"以前，规则、制度都是社会必须存在的。总结我国在网络管理上的经验及借鉴国外做法，制度管理是重要的有效手段。法律制度的建立和完善是维持健康有序网络环境的基础和保障。网络的虚拟性和随意性要求其更加注重规则。高校要建立健全规范网络正常运行的规章制度，要在高校 BBS、博客、微博等建立和完善登记、备案和审查制度，探索推行校园网络用户实名制，提高师生规则意识和责任意识。高校是高层次人才的集中地，和谐网络舆论建设要与学校文化、历史相结合，如在网站命名、板块设计上可充分考虑本行业、本领域的文化因子，挖掘学校历史资源，并在学校网站上充分体现。注重理性文化、自律文化的融入，促使师生由感性认识向理性认识转化，加强自律，进而形成客观、全面的认识，自觉引领正确的主流舆论导向。

（四）维护稳定与服务师生的结合

网络舆论是映射社会舆论的实时"晴雨表"。从 2013 年 7 月公布的《第 32 次中国互联网络发展状况统计报告》中得知，从职业结构上，2011 年、2012 年学生均是网民中规模最大的群体，分别为 30.2%、25.1%；从学历方面，大专以上学历人群上网比例接近饱和。大学生积极关注国内外热点、焦点问题，而学校管理服务中一些敏感问题易成为他们网上谈论的焦点，易形成共鸣，形成网络舆论危机，诱发现实中的突发事件。构建和谐网络舆论环境，就要将一些网络中的潜在危机，消除在萌芽状态，化解在初期阶段，切实维护校园的安定团结。同时，高校和谐网络舆论环境建设要以人为本，服务师生，说到底就是更加尊重人、爱惜人、保护人。一般地讲，网络舆论事件发生的诱因是师生员工普遍关心的问题或自身的利益受到了一定的损害。这就要求我们在处理网络舆论危机时，坚持以人为本、民生导向，尊重公众发言权、公众知情权，着眼于师生关心问题的解决，只有这样，才能从根本上、源头上构建和谐的网络舆论环境。

中国网络意识形态治理研究

意识形态是社会和谐稳定的思想根基，关乎社会稳定和长治久安，意识形态治理是国家治理体系的重要内容，更是国家安全战略的重要组成部分。党的十九大要求"牢牢掌握意识形态工作领导权"。党的十八大以来，中央把意识形态工作提高到了一个新的高度。"意识形态工作是党的一项极端重要的工作""能否做好意识形态工作，事关党的前途命运，事关国家长治久安，事关民族凝聚力和向心力"。宣传思想工作一定要"做到因势而谋、应势而动、顺势而为"。① 当下，以互联网为代表的信息技术日新月异，引领了社会生产新变革，正在深刻变革着社会生产方式，革新着我们知识体系和价值观念。② 为此，意识形态工作必须与时俱进，掌握新形势下意识形态新的呈现形式、特征属性及变化规律，摸清当下意识形态治理现状，才能从根本上提出有效的治理策略。

第一部分　中国网络意识形态治理的演进生成

一、网络意识形态生成的条件因素

理论上讲，"事物在特定系统中受系统构成要素、外部环境和实践条件的影

---

① 中共中央宣传部 . 习近平总书记系列重要讲话读本 . 北京：学习出版社，2014：105.
② 黄少华 . 网络社会学的基本议题 . 杭州：浙江大学出版社，2013：8－9.

响，并随之变化而变化"。① 本文认为，网络意识形态是当下社会意识形态的新样态。任何事物的产生都有其条件，网络意识形态的生成是社会发展的结果。社会的构成要素、环境及实践条件是网络意识形态生成转化的场域。因此，对于网络意识形态的生成条件，宏观上看，要从社会发展、社会结构变化等全局视域来分析，找准其生成的现实基础，即现实的社会存在。从微观看，网民是网络社会生成的关键因素，也是意识形态转型，生成网络意识形态的重要条件，在此基础上网民在网络平台上交流、生活，形成网上社会，网上社会与网下社会交织发展，相互融合形成网络社会。在网络意识形态的生成中技术是关键因素，起到至关重要的作用，是不可或缺的。同时，网络叙事方式提供了解构社会思想观念的巨大张力。此外，宽松的政治环境也得以使人们的思想交流变得活跃，网络意识形态才得以生成。为掌握意识形态转型的影响因素，找准网络意识形态生成的条件，论文进行了问卷调查。调查显示，在网络意识形态的生成上，排在前列的是"生产方式的改变"（84.35%）、"信息传播方式、交往方式"（81.93%）、"宽松的社会环境"（76.97%）、"网络叙事方式"（75.32%）、"人的思想自由"（71.12%）、"社会出现不同阶层"（61.07%）。②

理论界在对意识形态转型变化原因的分析上，刘少杰认为执政党意识形态的转型、当代文化影视化，影视媒体与网络技术的迅速发展，引起了中国社会意识形态转型。郑兴刚认为"社会转型是意识形态转型的根本动因"。袁三标认为全球化带来人们的思维模式、生活方式以及价值取向的改变。杨立英认为市场化、全球化、网络化对社会主义意识形态转型产生了深刻影响。谢忠文指出，就转型的动因而言，目前国内外的研究主要涉及社会经济结构变迁、理性选择、政治精英权力斗争三个维度，社会经济结构的变迁是根本原因，其他方面的原因如社会阶层力量对比、领导人的个性和素质、传统意识形态及其他意识形态、

---

① 任志锋. 当代中国社会主义意识形态主导性问题研究. 长春：东北师范大学出版社，2014：63.

② 本文数据来源于"网络社会下思想及意识形态状况调查统计结果"。

国际关系、组织任务等方面。其中各个方面的原因又是相互影响和牵制的。①李海青指出了政治合法性对意识形态转型的影响。关于网络意识形态的生成，学术界研究得不多。杨文华从意识形态的网络生长层面谈意识形态的特点，对网络生长提出了自己的见解。② 当然此处的网络意识形态指网上意识形态。

（一）社会生产方式和社会结构的改变

人类社会是始终向前发展的，不因人的意志而转移。当下，信息技术显著推动了社会的发展。社会生产方式发生了革命性变化，一是生产力发生了变化。劳动者将变得越来越自由，发挥的作用也变得越来越突出。劳动工具也在不断革新改进，劳动对象范围也在扩大。二是生产关系也在发生了巨大变化。知识和技术在生产中发挥的作用越来越巨大，在生产过程中，人对单位的依附程度大大消减，"不是人更需要组织，而是组织更需要人"，社会组织形成发生了改变，各种网络化、网络式组织出现。因此，人将变得不那么固定，"跳槽"和更换工作将变得平常。尤其是在具体的工作形式上，工作单位不限于一个，可以与其他单位的人以项目制的形式开展工作。在网络社会，跨时空的交流变得异常容易。来自不同单位的人，可以就一个项目进行深度合作，共同完成一个项目。一个项目完成了，下一个项目又是来自不同单位的人进行合作。生产方式的变化，社会形式随之发生变化，社会意识也就自然变化。作为社会意识中的重要组成部分和体现内容的意识形态，也发生着重要变化。

可以说，网络信息技术改变了政治、经济和文化，影响到人们生活的诸多方面，对社会的影响和冲击是巨大而深远的，它辐射到社会的各个领域和人类生产、生活的各个方面。网络技术是为人们提供了新颖的、更加便捷的获取、传输、处理和控制有效信息的手段和工具，极大地扩展了人类参与信息活动的范围，增强了人类自身处理信息活动的能力，加速了社会的信息化进程，也不断影响着社会结构由传统型向现代型逐渐转变。

---

① 谢忠文. 当代中国意识形态的结构转型：动力、路径与模型——一个理论建构的尝试. "后国际金融危机时代的世界社会主义"学术研讨会暨当代世界社会主义专业委员会 2010 年年会论文集. 中国科学社会主义学会当代世界社会主义专业委员会，2010：23.

② 杨文华. 网络空间中意识形态生长规律的生物学探析. 福建师范大学学报（哲学社会科学版），2011（1）：154-157.

网络技术的飞速发展和广泛运用对传统社会结构的影响更是不言而喻的。中国传统社会具有中央集权、自上而下、垂直控制的官僚科层等级制特征。网络技术的出现和不断更新发展，促使其不断地参与人类生活，改变人类生活，其在社会结构现代化中也起着举足轻重的作用，影响社会结构不断现代化和层次化。互联网的"扁平化"结构对传统国家政治权力结构产生冲击，导致传统权威的消解，促使金字塔型的社会结构向扁平化社会转变。社会存在决定社会意识。随着生产方式的改变，现代社会结构的构建和形成，必然导致社会意识形态结构也出现变化，逐渐推动网络意识形态的形成和出现，促使了网络意识形态也出现复杂化和多元化。

（二）网上和网下分别出现不同的社会阶层

社会阶层分化为不同类型的群体，为不同思想的传播提供了主体条件。实行市场经济以来，人们的经济收入水平出现了明显差别，久而久之，社会成员按照一定等级标准划分为彼此地位相互区别的社会集团，形成了社会不同的阶层。不同阶层的价值观、态度和行为模式等方面有时具有显著的差别。同时，在网上层面，也出现了网络阶层群体的分化。网民在网上的信息占有量是不一样的，如网络素养不同、信息量的多少、信息的喜好种类等，网上信息对其的影响也不尽一样，就导致出现不同的受众群体。即网上分层不同于传统社会中韦伯的"财富、权力、声望"三重标注的划分，网上分层主要依据"网络能力、文字能力、信息能力、综合素养"来划分，而这些对传统社会中分层的划分产生了影响。不同群体在行为规范、思想认同、价值取向等方面形成明显的差别。

网上网下出现的不同阶层群体其世界观、人生观、价值观也存在差异，从而导致出现不同的思想文化和意识形态，而且各个阶层群体之间的思想意识铸成了各自的保护壁垒，就为不同思潮的出现、培育和传播提供了主体条件。

（三）网上社会和网络社会的形成

前文已经涉及，互联网造就了一个新的角色，即网民。随着网络社会的发展，此处的网民是具有网上、网下双重身份，合二为一为现实的社会的人。其自由程度将随着网络社会的发展越来越扩大，这使得传统意识形态对其的影响和左右变得困难。

线上社会的形成。互联网构建了一个线上社会，早期很多学者认为这仅仅是一个虚拟的。现在证实它是真实的"虚拟",是现实社会的延伸和缩影。中国互联网产业在经过20多年的快速发展之后,网络基础设施和终端设备的快速普及,人们渴望自动自主的实现人与人之间互动交流,实现自我价值。用户需求和技术创新双重作用决定在线生活的出现和发展,促使形成了一种全新的基于网络基础平台和数字化信息载体的沟通与组织模式,构建了一个与传统社会不同的生活空间——线上社会。[①] 当然,它具备一些与现实社会不同的特点,线上社会与现实社会在交流方式、生存基础、实体形态上都存在巨大的差异。线上社会的交流方式主要是间接的交流,以符号为载体。同时,线上社会主要依靠信息技术,立足人类自身创造的文明,只能虚拟物质和能量的形象,没有具体的实体存在,只是一种特殊的空间形态。根据线上社会的结构、特征和特殊的交流方式,就不断形成其特有的网络思想、网络文化,形成网上社会和意识形态,这是重要的条件之一。

前文已经论述网络社会的形成。从社会发展上看,人类社会正从工业社会向信息社会过渡,当然不同国家地区发展可能不平衡,但这并不影响人类社会的发展趋势。当下网络社会正在形成。目前,在形成过程中的人,可以分为三类:一类是生活在数字环境下,他们很早就生活在网络环境下,他们既是现实社会的人,又是网民,即是网络社会的人。第二类是迁徙中的人,他们正在熟悉和接触互联网,大多时候是现实中的人,有时又是网民。第三类是数字难民,他们生活在既往的社会中,即生活在传统的社会中。但社会的发展不以人的意志为转移,随着移动互联网的普及运用,我们社会的人将都是数字公民,是网民。人类社会将进入一个新的社会形式,即网络社会。

(四)信息传播方式、人的交往方式的明显变化

前文已进行了分析,网络信息技术使信息传播发生了革命性的变化,而这种变化也显著增强了意识形态的传播范围和效果。首先,网络传播方式超以往任何时候的信息交流,较以往变化主要体现在以下几个方面:一是与以往媒体不同,它是快速的互动,具有即时性;二是形式丰富,除了传统的文字图片外,还可通过音频、视频交流;三是跨时空,随时随地互通交流。这些都是传统媒

---

① 马化腾. 构建在线生活的产业模式. 中国企业报, 2007 - 12 - 28.

体所无法实现的。

在对网络社会人的交往是否发生变化的调查中，96.31%的调查者认为发生了变化，其中53.43%的人认为发生了"明显变化"或"根本性变化"。利用网络信息传播优势，人与人的交往也发生了变化。高冬梅认为，网络人际关系对传统人际交往方式产生极大的冲击，随着网络社会发展，并逐渐成为社会人际交往的主要模式。① 吴满意指出，网络人际互动具有主体的共生性、空间的跨语境性、内容的超链接体验性、方式的泛符号性、效果的层级性的特征。② 信息传播方式的革新，使人们有更多的渠道获取信息，人的交往方式的改变使得人交往的范围显著扩大，这使得传统的意识形态不能囿于自身本来的状况，必然受到外界信息的影响，而一旦量变达到质变，"星星之火就可以燎原"。如果在传统社会，即使有"星星之火"，但也很难"燎原"，因为信息传播和人的交往过于闭塞。信息传播、交往方式对传统意识形态结构的改变输入了强大的动力，促使各部分相对分离以及意识形态的多样化。

（五）网络语言及叙事方式提供巨大张力

调查显示，在日常生活中97.2%的人会使用网络语言，可见网络语言已经融入了人们工作生活中。网络语言及叙事方式对传统意识形态内部结构的分离提供了巨大张力。语言不仅是交流的工具和沟通的媒介，也是控制人们思维和表达方式的社会力量。网络语言具有颠覆传统语言规范的特征，具有随意性，对既定的语言规划进行自由的解构和随意的编码，表达内心随心所欲的叛逆意识。吴学琴认为，互联网最基本的交流手段就是数字化符号，数字化符号负载着多样的价值、利益和追求。③ 网络语言经常运用到现实社会的语言交流，它解构着当下意识形态，为意识形态内部结构的变化提供了张力。杨文华指出，网络语言是一种意识形态。网络语言对主流意识形态具有巨大的解构作用，网络语言群体追从、随意戏谑、简洁经济、形象直白、暴力批判，传递着不同的

---

① 高冬梅. 论人际交往方式从传统到现代网络模式的嬗变. 现代交际，2016（10）：39.
② 吴满意. 网络人际互动：网络实践的社会学视野. 北京：人民出版社，2015：81.
③ 吴学琴. 当代中国日常生活维度的意识形态研究. 北京：人民出版社，2014：5.

价值观，对主流意识形态产生解构。① 蒋丽指出，网络语言与人们现代生活紧密联系使之饱含浓厚的后现代主义意识，极具解构性；其与年轻人日常需求相契合则使之具备鲜明的戏谑性，这构成了对主流意识形态认同的冲击与挑战。② 从语言学分析，对于网络语言的特征，曹进指出，从传播修辞角度看，网络语言具有诙谐幽默、诱人发笑、引人深思的功效；从传播因素的角度看，网络语言的易复制性使其大行其道、广为流传；从传播的后现代性文化特征来讲，则具有反话、碎片、拼贴、戏谑、仿拟的特征。在语法方面，表现出对元语言的解构。当下，网络语言的流行形成强大的动力，对主流意识形态进行解构。

同时，网络媒介叙事是一种本我的叙事，表现在以下几个方面：一是符号化，具有较强随意性。二是很多自创语言和表达，如火星文、兔斯基、"地命海心"等网络词汇。三是"把关人"的自由性使得网络叙事方式"自由散漫"，甚至是"随心所欲"。四是寻求快捷和信息最大化，人们丧失了独立思考的空间。五是表现形式图文并茂，音视频结合，更具多样化。六是具有搜索功能。七是动态特性，实现互动性叙事，参与到叙事之中，让读者能通过超链接进入许多相关的主题。八是信息具有复合性和关联性，利于深度和专一传播某方面信息。③ 可以说，网络叙事为传统意识形态的转型提供了强大推力。

（六）现实社会为网络意识形态的形成提供宽松环境

改革开放以来，国家的工作重心转到了经济建设上，以重心的转移促使意识形态的归位，从实践上将意识形态置于为经济建设服务的地位。同时，改变了党对意识形态的管理方式，回到了正轨。管理方式的改变，绝不是放松了对意识形态的管控，而是根据社会发展趋势和规律实现更有效的管理。加之，国际间交流互动增多，各种社会组织如雨后春笋般出现，也对传统意识形态结构具有很强的侵蚀作用，意识形态内部张力也随之增大。

---

① 杨文华. 网络语言的流行对主流意识形态的解构. 深圳大学学报（人文社会科学版），2012（5）：60－64.
② 蒋丽. 论网络语言对主流意识形态认同的冲击与挑战. 中国成人教育，2015（23）：70－72.
③ 雨彤. 网络叙事：电子媒介时代的文化记忆. 青年作家（中外文艺版），2010（7）：57－62.

对于影响因素，通过对以上条件的分析，本文认为主要有社会生产方式改变、社会阶层分化、网络信息技术发展、网民出现、政府作用、国际影响、社会组织、意识形态内部张力增大等，这些因素形成了条件，促进了网络意识形态的生成。

二、网络意识形态生成的规律性特点

规律是自然界和社会诸现象之间必然、本质、稳定和反复出现的关系，是事物之间稳定的本质的必然联系，决定着事物发展方向。在前文研究网络意识形态生成条件基础上，分析总结其生成的规律性特点。

（一）推动力量和动力机制的无穷技术性

科技是第一生产力，对社会经济发展具有巨大的推动作用。物质文明是精神文明和政治文明的保障和条件，"一切社会变迁和政治变革的终极原因，不应当到人们的头脑中，到人们对永恒的真理和正义的日益增进的认识中去寻找，而应当到生产方式和交换方式的变更中去寻找；不应当到有关时代的哲学中去寻找，而应当到有关时代的经济中去寻找"。[①] 在原始社会，生产力低下，人类以血缘关系为纽带生活在极其有限的地域空间之内，没有阶级和国家，政治权力主体和权力客体尚未分离，是一种自发的"理想"状态。在生产力不发达的以自然经济为主的奴隶社会、封建社会时期，是以专制政治为基本特征，意识形态是禁锢的，封建统治阶级牢牢掌握着意识形态的主动权和控制权。第一次工业革命不仅奠定了资本主义社会制度的牢固地位，也使得人们追求自由、平等和民主的理想成为现实。[②] 由于工业革命创造了巨大的物质财富，而这些财富大多是被统治者创造的，他们就有欲望、有勇气向统治阶级提出本能的民主诉求。电气化、自动化、信息化等技术革命也使人类的思想从国家政治权力的场域中不断得到"解放"。

在网络意识形态的形成过程中，技术起到了关键的重要作用，而这个技术

① 马克思恩格斯选集：第3卷. 北京：人民出版社，1995：740.
② 叶海涛. 试论科学技术的发展与政治权力的社会化历程. 江苏科技大学学报（社会科学版），2005（3）：15.

将是无穷无尽、不断向前发展的。没有互联网技术，网络意识形态出现的时间会延后。从 20 世纪 90 年代，中国接入互联网以来，互联网在中国实现了快速的发展，据《第 40 次中国互联网络发展状况统计报告》显示，网民达 7.51 亿。同时，移动互联网也在塑造着全新的社会生活形态，"互联网 +"行动计划助推互联网发展进入一个新的阶段。① 互联网渗透到人们社会生活的方方面面，正如前文所述对社会的经济、政治、文化等产生了深刻影响，促使人们的思想认识产生变化。

（二）现实性和虚拟性的有机互动性

互联网存在着技术与人文、一元与多元、开放与封闭、自由与规范、民主与集中、虚拟与实在、理性与价值、神性与物性、传统与创新、个人与社会等矛盾，其要素之间存在着张力。② 网络环境的主要矛盾是现实性与虚拟性的矛盾。③ 从直接矛盾上讲，网络意识形态的出现是网络社会中网上相对虚拟性和网下直接现实性的交互结合的结果，提供了重要动力。

虚拟是一个古老的现象，关于虚拟的研究和争论是多年来随着网络的发展而逐渐凸现出来的。关于虚拟的哲学含义，不同的学者解释各不相同，可谓仁者见仁，智者见智。按虚拟的发展可分为三个阶段：首先是实物虚拟或具体化虚拟阶段，即通过具体的壁画或石器、贝类饰物等作为媒介表达一定的信息或意义。其次是抽象符号虚拟阶段，即通过抽象形式的文字符号来贮存和传播无形的信息，表达人类的需求和情感。最后是数字化虚拟阶段，即依托网络技术，以 0 和 1 的二进制数字化形式进行人际的沟通交流。④

本文所说的虚拟是基于网络技术层面的虚拟，主要指数字化。所谓数字化虚拟，就是"以数字化的方式对现存各类自然事物、社会事物及过程的模拟，其中也包括在客观基础上通过发挥人的想象力而产生的对某些非现实的事物的

---

① CNNIC 发布第 37 次中国互联网络发展状况统计报告. http：//news. 163. com/16/0122/13/BDUIL4I500014AEE. html.

② 常晋芳. 网络文化的十大悖论. 天津社会科学，2003（2）：53 - 59.

③ 魏纪林，汤阳. 网络环境下现实性与虚拟性的对立统一. 徐州工程学院学报（社会科学版），2012（4）：15 - 20.

④ 李德湘. 虚拟思想的历史足迹勾勒. 科学学研究，1999（3）：107 - 109.

数字化建构"。① 虚拟的实质是人的本质力量的数字化，即一种以数字化的形式表现出来的对象化活动。互联网技术，尤其是数字化技术本身就是一种虚拟形式。而这种虚拟又运用于现实，演变中现实性和虚拟性的高度结合，主要表现在交往的现实性和虚拟性的统一，具体讲网络交往的主体、客体、工具和规范四要素都是虚拟性和现实性的统一，以及网络交往发生阶段和开展阶段都是虚拟性和现实性的结合。② 虚拟让我们看到很多现实难以看到的内容，但这对我们身心是有影响的，尤其是价值观念的影响，而导致的结果，从文化上有力推动文化多元化，在这个过程中促使社会意识形态出现变化。

（三）网络传播方式的多样交互性

网络社会下，信息传播方式发生了革命性变化。不同学者对网络传播给出不同的界定，现代媒体委员会常务副主任诗兰认为，网络传播具有全球性、交互性、超文本链接方式等三个基本特点。③ 网络意识形态形成中，网络传播方式的多样交互性体现得非常明显。

网络传播方式有很多自身优势，计算机互联网是报纸、书刊、电影、广播、电视等大众传播媒介之后出现的第六媒体，其传播特色及优势有利于我们对其充分开发和利用。具体体现包括互联网传播的互动性是传统媒体所缺少的，互联网的多向性传播方式也是诸多传统媒体所不具备的，网络媒体的受众接收信息的随意性较大，网络传播的信息量之庞大远远超过了传统媒体，网络传播的服务性极强，这些都给予受众极大的便利。这使得交往的频度和效果显著增大，各种不同意识形态的交融传播也更加频繁。

（四）思想观念的多元迸发性

单一的思想观念形成不了网络意识形态。从内因上讲，人的自我是多重的、多样的，是一个集合。在传统现实社会中，受文化规范的限制，人们只能展示多重自我的某一个或某几个方面，然而互联网构建的网络空间提供了更多的自由，可容许个体展示更多的侧面。个体的多样性和人心的多样性在网络空间得

---

① 张雷. 虚拟技术的政治价值论. 沈阳：沈阳东北大学出版社，2004：6.
② 高磊. 论网络交往的虚实二重性. 山西大学硕士学位论文，2010.
③ 田发伟. 崛起中的中国网络媒体——现代传播评论圆桌会发言摘要. 国际新闻界，2000
（6）：49.

到充分体现。由于互联网的相对隐匿性，有利于展现出那些现实社会中不便于表现的个性心理特征、思想观念。网上社会比现实社会相对宽松自由、适合"本我"的充分显露。同时，网络文化鼓励个性张扬以及心灵的展现。网络给人们带来了身心自由，从而使个体有机会重新发现自己，久而久之，就会对现实的本我产生影响。思想观念的分化与解构，进而产生对社会文化、思想观念的反思。从内因上分析，人们的思想观念是可以激发和改变的，为多元多样多变的社会思潮提供了土壤。

在网络社会，多种价值观的碰撞是极为常见的现象。网络文化容纳各种非传统、非主流的思想观念，在提供异质和多元观点的同时，增加了人们的选择性。在意识形态的变化中，具有自由、民主、法治意识和市场理念的先进分子积极投入到知识的生产和传播中，在社会教育启蒙、文化建设、观念改变等方面起着不可替代的作用，这对意识形态的改变发挥着巨大作用。改革开放以来，国外思想涌入中国，国内逐渐出现了多种社会思潮。尤其是，互联网技术的推广运用，大量思想观点、思潮在网上出现、传播。这些思想潮流、思想观念相互影响、交融，促成了当下意识形态多元多样的样态。

三、网络意识形态治理的生成与研判

（一）网络意识形态治理的生成

网络意识形态的治理是新时期、网络社会下意识形态工作面临的新课题，是不容回避的现实问题，需要党和政府高度重视。目前，我国互联网和信息化建设取得了显著发展成就，网民数量世界第一，已成为网络大国。在此背景下，网络社会下意识形态治理成为迫切的问题。网络意识形态治理的生成是网络社会发展的必然，网络意识形态治理是需要我们妥善解决的时代任务和课题。对于网络意识形态的治理，不同于传统意识形态的治理，治理策略要在网络社会的背景下思考和判断。网络社会背景下，这是面临的新形势，前文对网络社会进行了详细分析，指出了网络社会形成过程，为后文的治理策略的分析提供了依据。

对于网络意识形态的治理，一定要充分理解治理的内涵。前文对治理的内涵进行了解析，并与管理进行了对比分析。治理强调的是治理主体的多元、手

段的多种、方法的多样、方式的灵活，力求各环节、各部分自主自觉和谐共存。意识形态治理是国家安全战略的重要组成部分，也是国家治理现代化的重要内容。要充分考虑治理的原则性，又要顾及网络社会下的现实背景，多种治理手段整合意识形态领域内外资源，巩固社会主流价值取向，实现社会思想舆论稳定和谐，促进社会共同目标实现的动态过程。由意识形态治理到网络意识形态治理，对象发生了变化，社会环境也有很大不同，按照具体问题具体分析的矛盾分析法，需要针对网络意识形态的新特征和现实治理状况进行分析治理，切实提高网络意识形态治理的有效性。

（二）充分结合网络意识形态新特征进行治理

具体问题具体分析是我们正确认识事物的基础，解决问题的关键，矛盾的特殊性原理要求我们具体问题具体分析，具体问题具体分析是马克思主义的一个重要原则，是马克思主义活的灵魂。在网络意识形态治理上，必须具体问题具体分析，而要做到具体问题具体分析，就需要我们对网络意识形态进行全面分析，透过现象探寻本质，尤其要考察网络意识形态的特征。唯有这样才能有的放矢，提供治理的针对性和实效性。

网络意识形态的治理不同于传统意识形态的治理，出现了一些新变化。通过前文对网络意识形态演进生成的考察，网络意识形态已经具有了一些新的特点。这在调查中也得到了验证，78.63%的人认为网络社会的意识形态与传统社会下的意识形态"有很多不同，出现了一些新特点"。为此在治理过程中，要坚持继承与创新相统一。因为从本质上说，网络意识形态是意识形态的特殊形式，其本身继承了意识形态的基本属性，因此可以继承一些传统的治理策略。同时，又要根据网络意识形态的特点和属性，研究分析治理策略。

（三）全面把握网络意识形态治理现状进行施策

坚持一切从实际出发，理论联系实际，实事求是，是马克思主义重要的理论品质，同样也是党的思想路线，也称"认识路线"。辩证唯物主义认为，物质决定意识，要求我们要坚持实事求是，一切从实际出发，理论联系实际。脱离实际，一切思想都将成为无源之水，一切工作都将成为空中楼阁。网络社会下意识形态的治理更是如此，必须从现实社会出发，全面把握网络意识形态治理现状进行施策。

为此，要全面把握网络意识形态治理现状，掌握和全面了解我国网络意识形态治理存在的问题，在此基础上，更新治理理念和模式，多方面完善治理策略。对于当下中国的网络意识形态治理，着眼于实现"两个一百年"奋斗目标和中华民族伟大复兴的中国梦，充分考虑网络社会发展实际，积极推动一元主导、多方参与、各尽其责、协同共治的治理体系，促进国家意识形态治理能力的现代化。

第二部分　中国网络意识形态治理的现状分析

进入 21 世纪，互联网进入社会化使用阶段，互联网对社会的影响逐步彰显，网络社会逐渐形成，意识形态的治理开始针对网络时代、网络社会的实际进行实施。虽然目前学界没有明确提出网络意识形态是网络社会下意识形态新的呈现形式和样态，但现实对网络意识形态的治理一刻也没有停止。本部分对网络意识形态治理现状进行分析，总结我国网络意识形态治理取得的主要成效，指出存在的问题，分析其成败原因，为后文治理策略的提出提供参考借鉴。

一、中国网络意识形态治理取得的主要成效

（一）国家文化软实力提高

文化软实力是意识形态的重要体现，前文已指出"软实力"（Soft Power）是由美国哈佛大学教授约瑟夫·奈提出来的，并强调在"信息时代，软实力正变得比以往更为突出"。我国高度重视意识形态工作，重视文化建设。21 世纪以来，江泽民指出，中国特色社会主义的文化是凝聚和激励全国各族人民的重要力量，也是综合国力的重要标志。① 有没有高昂的民族精神，是衡量一个国家综合国力强弱的一个重要尺度。② 胡锦涛指出，谁占据了文化发展的制高点，

---

① 江泽民文选：第 2 卷．北京：人民出版社，2006：33.
② 中共中央文献研究室．十五大以来重要文献选编（上）．北京：人民出版社，2000：549.

谁就能够更好地在激烈的国际竞争中掌握主动权。① 党的十八大以来，以习近平同志为核心的党中央高度重视宣传思想文化工作。2014 年 10 月 13 日，习近平在中共中央政治局集体学习时强调，"中华优秀传统文化是我们最深厚的文化软实力，也是中国特色社会主义植根的文化沃土"。2013 年 12 月 30 日，习近平在中共中央政治局集体学习时指出，"提高国家文化软实力，要努力夯实国家文化软实力的根基"。近年来，在建设中国特色社会主义文化、加强传统文化宣传、展示中华独特魅力、宣传"四种大国形象"等方面取得了显著成效。当下，马克思主义在意识形态领域指导地位得到进一步强化，十九大报告明确指出"马克思主义在意识形态领域的指导地位更加鲜明，中国特色社会主义和中国梦深入人心，文化自信得到彰显，国家文化软实力和中华文化影响力大幅提升"，广大人民群众做中国人的骨气和底气显著增强，对远大理想和共同目标更加坚定而执着，对中国特色社会主义道路自信、理论自信、制度自信、文化自信更加坚定而深厚。

（二）核心价值观深入人心

2006 年 10 月，党中央提出"建设社会主义核心价值体系"的重大命题和战略任务，明确提出了社会主义核心价值体系。围绕建设社会主义核心价值体系，开展了"树立正确的荣辱观"教育，广泛宣传社会主义荣辱观，形成良好社会风气。2007 年 10 月，十七大进一步指出，"社会主义核心价值体系是社会主义意识形态的本质体现"。2011 年 10 月，党的十七届六中全会强调，提炼和概括出简明扼要、便于传播践行的社会主义核心价值观。为此，十八大首次提出，要积极培育和践行社会主义核心价值观。核心价值观包括国家层面的价值目标、社会层面的价值取向和公民个人层面的价值准则，具有极强的针对性。2013 年 12 月，中共中央办公厅印发《关于培育和践行社会主义核心价值观的意见》，要求各级党委和政府抓好社会主义核心价值观的培育和践行。十九大报告指出"社会主义核心价值观和中华优秀传统文化广泛弘扬"，各级党委和政府通过宣传教育、实践活动等途径认真贯彻落实，社会主义核心价值观深入人心，成为

---

① 中共中央文献研究室.十六大以来重要文献选编》（下）.北京：中央文献出版社，2008：752.

广大人民群众的价值追求和行为规范。

（三）社会舆论积极向上

当下，各级领导干部和广大党员贯彻执行党中央"八项规定""六项禁令"，坚决反对"四风"，干部的工作作风得到极大转变，社会大环境明显转好。新闻媒体，尤其是主流媒体积极宣传党的方针政策和各级党委和政府的决策部署，弘扬主旋律，传播社会发展进步的正面声音。在传播过程中，充分利用视频、图片等方式代替传统的文字宣传方式，取得了较好效果。同时按照"守土有责、守土有方、守土有效"原则，加强各类宣传舆论阵地的管理，不断提升舆论引导水平，把社会情绪引入平和、理智和建设社会主义的轨道上。健全完善新闻发言人制度，把握新闻传播的"时度效"，针对突发事件，第一时间有效发声，坚决打击各类谣言，不给炒作留下空间，进而有效平息事态，凝聚人心。总之，宣传思想文化战线更加鲜明有力地把党和政府的声音传播好，把社会进步的主流展示好，把人民群众的心声反映好，新闻舆论工作气象一新，社会舆论整体积极向上。

（四）网上社会愈加晴朗

走出一条"在发展中治理、在治理中促进发展"的正确道路。当下互联网技术在中国取得了长足的发展，网上意识形态治理成为意识形态治理的重要内容。1994 年，中国接入世界互联网。从那时起，互联网治理就已经开始，20 多年，互联网治理从稚嫩走向成熟。一路走来，中国互联网治理一直坚持"边发展，边治理"的指导思想，不能放任互联网发展，但又不禁锢互联网的发展，为互联网的发展创造良好的条件。目前，我国是网民最多的国家，拥有多家全球市值前十互联网企业，成为互联网大国。互联网在中国发展也遇到一些问题，但中国对互联网的发展没有打压，没有因噎废食，而是以发展为目的，在发展中解决问题，在治理中寻求发展。通过治理发展中存在的问题，进一步促进和保证发展的健康有序。20 多年中国的互联网发展成绩证明，"在发展中治理、在治理中促进发展"的道路是正确的。[①]

建立统一的自上而下的互联网治理机构和工作体系。正如十九大报告指出

---

① 苗国厚. 互联网治理的历史演进与前瞻. 重庆社会科学，2014（11）：82 - 86.

"互联网建设管理运用不断完善"，党中央高度重视互联网工作，成立了中央网络安全和信息化领导小组和国家互联网信息办公室。各省市按照中央要求成立了相应的领导小组和互联网信息办公室，形成一套自上而下完整的互联网治理工作系统。中国能够在较短的时间内取得互联网发展和治理的"双丰收"，得益于建立了统一的自上而下的互联网治理机构和工作体系。此治理机构和工作体系也是一步步随着工作的需要而日趋完善。从最初中央外宣办网络管理局、中国互联网络信息中心、公安部公共信息网络安全监察局等司局级单位，到正部级规格的国信办，直至今日由国家最高领导人担纲的中央网络安全与信息化领导小组。此外，与之相适应，党政部门应对互联网舆情危机的机制逐渐成熟，应对能力逐渐提高。

注重方法创新，形成一系列监测治理方法。中国政府在互联网治理上，形成政府监管与公众监督结合、法制约束与自律结合、行业规范与教育引导结合、创新技术与人工审查结合的治理方法。[①] 作为互联网治理的基础工作——互联网舆情监测上形成了良好的工作机制和有效的具体方法。工作流程包括信息监看、信息汇集、筛选分级、甄别研判、生成报表、信息运用、信息备案等环节，具体方法包括利用定制工具监测、利用搜索引擎监测、人工巡查方法、关键词巡查方法、境外信息境内倒查方法等。

高度重视互联网安全，积极稳步参与国际交流合作。中国政府从接入互联网那时起就高度重视互联网安全，近年来党中央对互联网安全更加重视，并上升到国家战略。"没有网络安全就没有国家安全"充分显示出中国在保障网络安全、维护国家利益方面的决心。同时，积极稳步参与国际交流合作。举办世界互联网大会、中国互联网安全大会、首届新兴国家互联网圆桌会议，出席网络空间国际会议、全球互联网治理大会、ICANN 高级别政府会议等。其中，连续在浙江乌镇举办四届世界互联网大会，在世界范围内产生了积极影响。

（五）有效维护安全稳定

稳定是前提，确保国家安全稳定是网络意识形态治理的关键。网络意识形

---

① 王荣国. 互联网治理的问题与治理机制模式研究. 山东行政学院学报，2012（2）：23 - 25.

态治理的效果在于维护本国的意识形态安全，维护本国的国家思想、国家理念、国家价值的战略地位。资本主义和社会主义之间的意识形态斗争从未停止。网络社会下，西方的文化入侵、意识形态渗透变得更加隐蔽，他们凭借在互联网领域的主导地位，控制网络话语权，散布"中国崩溃论""中国威胁论"等论调，并伺机进行策反活动，窃取我国的国家机密。由西方敌对势力、国际反华势力控制或资助的"水军"在网络上表现活跃，假装揭示政治、社会"真相"，散布妖魔化中国的"谣言"，质疑党的领导地位，企图通过网络在意识形态上寻得突破，干扰我国的主流意识形态，从内部扰乱民心和破坏各民族团结，直接威胁到我国的安全稳定。网络意识形态斗争不仅关系到我国的国家形象，直接关系到国家安全稳定，党中央把网络意识形态工作上升到国家安全稳定的层面。

面对纷繁复杂的国际形势和艰巨繁重的国内任务，对于党和国家来说，稳定的需求尤其迫切，稳定是一切发展的前提。而社会意识形态的治理和网上意识形态的治理有效维护了社会的稳定团结。列宁指出，压迫阶级为了维持自己的统治，都需要刽子手和牧师两种社会职能。① 所谓牧师的职能就是通过观念性工具，即意识形态在思想观念上制约人们的思想。意识形态治理一个重要方面实现的依然是"牧师的职能"，在新的历史条件下需做到"牧师的职能"方式的现代化。近年来，国家针对互联网治理、网络社会治理颁布了一系列法律法规，制定了系统的政策，包括：要求干部要有网络治理思维；突出主旋律，牢牢掌握主流意识形态的制高点；及时回应网民的关切，建立舆情干预机制等。这些措施有力地维护了社会的安全稳定。

（六）中国声音更加响亮

在意识形态治理上不仅包括对内的治理，还包括对外的宣传。随着中国实力的不断增长，使得国际社会对中国的关注和期待越来越高。针对"中国威胁论""中国崩溃论""中国掠夺资源、破坏环境、危害别国的生活方式和生活水平"等言论，中国政府采取了积极的应对措施，提出人类命运共同体思想，理直气壮地进行了回应和批驳，同时善用现有的话语权体系和话语权规则，在关键问题上有理有据地发声，向全世界传播中国真实的声音和形象。党的十八届

---

① 列宁选集：第 2 卷．北京：人民出版社，1995：478．

三中全会通过的《中共中央关于全面深化改革若干重大问题的决定》明确提出，加强国际传播能力和对外话语体系建设，推动中华文化走向世界。同时，2016年2月19日，在党的新闻舆论工作座谈会上，习近平强调，建立对外传播话语体系，增强国际话语权。对于中国的对外形象，习近平在十八届中共中央政治局第十二次集体学习时提出了四个"大国形象"的定位。在具体做法上，强调用中国理论解释中国实践，讲好中国特色社会主义的故事、中国人勤奋上进的故事和中国和平发展的故事。讲故事做到讲事实、讲形象、讲情感、讲道理，实现讲说服人、打动人、感染人、影响人。① 据《中国国家形象全球调查报告2015》显示，在国际事务中影响力上中国位居第二，美国占据首位。值得注意的是，相比年长群体，海外年轻人（18 – 35 岁）对中国的了解程度更高，整体印象更好，对中国未来发展形势的看法也更为乐观。②

二、中国网络意识形态治理存在的不足

（一）治理局限网上社会

网络意识形态有效治理的前提条件是对"网络"的正确理解和定位。通常情况下，当"网络"这一词语进入人们的语境时，大多人们将其等同于"网上"。同样，"网络意识形态"的理解也想当然等同于"网上意识形态"。实际上，这种理解混淆了网络意识形态与网上意识形态的区别，不澄清它们的区别，网络意识形态的本真含义就会始终处于被遮蔽状态、被简单化，网络意识形态治理也就失去了逻辑根基。与各种意识形态运转于网上平台不同，网络意识形态是意识形态在网络社会条件下的新样态，是意识形态发展史进入信息时代的新呈现和新存在。它的参与者具有两重身份、两种角色：其一是网民身份、网民角色，有虚拟色彩；其二是社会人、生活人，现实意识强烈。网民角色是网络背景下，网络发展处于初级阶段——网上社会的衍生和对应，而网民角色和现实身份的耦合于网络社会、网络世界、物联世界——网络发展处于高级阶段

---

① 文建. 把握国际话语权　有效传播中国声音——习近平外宣工作思路理念探析. 中国记者，2016（4）：35 – 37.
② 中国国家形象全球调查报告 2015. 在京发布，http：//www. beijingreview. com. cn/shishi/201608/t20160829_ 800065977. html.

的要求。因此，网络意识形态治理必须考虑到网民双重性。然而，在实际的操作中，在网络意识形态治理中，我们着重对网民的管控和调解，而忽视了现实身份的衡量与把握。换言之，我们现阶段治理网络意识形态仍然停留在网上社会的初级阶段，理念定位在网络意识形态双重性的第一重性上，还没有延伸到网络社会、网络世界、物联世界中来。不把网络意识形态治理建立在网络社会、网络世界、物联世界——人们社会生活新的存在样式的基础上，就很难实现网络意识形态的有效治理。

网络意识形态的双重性决定了网络意识形态治理措施要实现线上与线下的双向互动。网络社会是线上线下有机结合、交融的社会形式。因此，治理网络意识形态必须实现线上线下的同时着力。理念决定措施，从目前的研究发现，绝大多数举措停留在线上，缺乏从线上线下完整视域提出治理策略。究其主要原因在于没有明确网络意识形态与网上意识形态之间的界限，没有划分出两者之间的区别。停留在"网上"范畴，治理举措就受限于线上，这样导致网络意识形态治理的针对性就不高。

（二）一元管理比较明显

受传统意识形态治理影响，在网络意识形态治理上，政府一元管理明显。政府行政力量为中心的治理工作将重点集中于监测和管控，舆情研判、舆论引导、危机应对等领域受到较多关注。政府单一治理主体的传统模式积弊已久，无法适应网络社会需要，导致相关法律法规和政策制度严重滞后，治理亟待转变。这主要表现在：政府治理主体单一化，忽视人民的主体地位，导致主客体主从关系"异化"，造成"防范——控制——管束"治理模式顽固于治理者头脑；治理措施的侧重点往往在于监管、调控非主流意识形态，而忽视了线下人——意识形态的载体——的现实考量。基本上延续传统业务的管理思路，相关部门的管理手段主要为事前审批和事后处罚两类，政府在制定和执行政策时，有时沟通交流不充分，较多考虑本部门目标，容易忽视其他部门目标和产业界利益。这样治理效果就不稳定，也不长效。调查显示，当您在网上看到反动的信息时，有20.1%的人选择"立即举报"，大大低于"不理睬"的45.04%。这充分说明，网民还没有充分参与到治理之中。在治理过程中，充分尊重各类各种网络主体的地位至关重要，要吸收社会组织和网民参与治理之中，要保证社会组织、网民可以民主管理、民主监督，保证其依法享有广泛的权利和自由。

长期以来，在一元管理的背景下，有时我们的意识形态治理工作遭到质疑。很多时候意识形态治理强调向人们统一灌输共产主义、社会主义理想，而在内容上缺乏差异性，较少关注人们的生活环境、社会经历、受教育程度的不同以及身心发展水平、个性心理特征的差异，唯书、唯文件屡见不鲜，照本宣科、夸夸其谈大有人在，而恰恰忽视人们的身心实际需要。由于政府的"一厢情愿"，我们现阶段的意识形态治理很重视理论内容的灌输，缺乏实践体验，很少考虑教育对象的实际情况。有时候，网民的心理诉求与社会主义意识形态灌输之间是排斥的，所以意识形态治理有时就流于形式。网民也难以理解党的路线、方针、政策的正确性，难以通过实践去辨别假恶丑与真善美，难以把对科学理论的认识逐渐转化为自己观察和解决问题的立场、观点和方法，难以把外在的思想政治观点转化为内在的约束力，提高独立自主地判断、解决和处理各种意识形态问题的能力。

（三）自身建设悬空乏力

我国非常重视意识形态治理，尤其是在主流意识形态建设上，积累了丰富的经验。但调查发现也存在一些不容忽视的问题，如在对"您了解我国的主流意识形态"问题上，有64.89%的人表示"知道一点"，12.85%的人表示"不知道"，只有22.26%的人"非常了解"。在对信仰马克思主义问题上，有13.87%的人明确表示"不信仰"，有25.45%的人表示"自己也不知道是否信仰马克思主义"，27.48%的人认为"有点信仰"。而且需要进一步指明的是，在调查所有对象中事业单位工作人员和学生的比重大。通常认为此类群体的思想政治素质较高，但调查数据反映的问题让人担忧，这充分说明主流意识形态建设上有些地方存在问题，落实上打了折扣。

马克思主义在传播过程中有时遇到教条主义话语的垄断，受传统社会的影响，在主流意识形态建设上，存在着泛化现象，主要通过报刊、书籍、板报、标语、传单，以及报告、演讲、座谈、电视、网络等方式方法传播思想观点，但效果上缺乏监测和反馈，过多理论灌输，不考虑接受者的实际情况。同时，没有考虑到主体的特征，在教育对象上没有做到有的放矢，把人们看成完全被动和理应服从的承受者，很容易造成人们的反感，甚至是抵制，导致教育效果不佳，不可回避，还存在"贬化现象"。即将意识形态等同于政治斗争、灌输、思想控制等，把意识形态当做洪水猛兽，赋予贬义色彩，在很多时候回避意识形态，明显严重误读、曲解了意识形态的含义。对于党的指导思想，通常都写在文件里、讲话中，但这显然与人民群众的日常生活严重脱节，普通老百姓一般不会去看文件或理论文章，这就出现了主流意识形态的"悬空现象"，成了空中楼阁，出现了曲高和寡。从列宁提出灌输理论以来，对于理论的灌输，我们一直在强化，从学校教育到官方的理论宣传，都带有明显的灌输特点，但在网络社会的感性化、形象化的今天，这种宣传教育带有教条、空洞痕迹，效果不仅不会有正向作用，有时甚至会起到反作用。[①]

（四）措施手段传统单一

意识形态是人们生活过程的反射和回声，马克思指出："人们的意识是随着人们的生活条件、社会关系和社会存在的改变而改变的。"[②] 这就告诉我们：忽视线下人的社会存在而治理线上人的意识形态无疑是无源之水、无本之木；进一步讲，由于社会阶层分化导致利益主体多元化、利益诉求多样化、利益关系复杂化、利益冲突显性化，不同阶层和同一阶层内部的亚阶层，人们的社会地位、经济收入、文化程度等方面的不同，因而对意识形态的认识、敏感和接受程度也不同。这就决定了网络意识形态治理手段和方法要注意"上下结合"，既想到网上的调控，更要思虑到网下的分析把控。而从具体实践操作来看，网络意识形态治理的举措主要着眼于广泛意义上的网民调控。制定相关网络法律法规，设定网络运营商市场准入门槛，要求落实自身的网络监管责任，明确违法惩罚机制，划定网络参与者底线，推行网络实名制等。实际上，这些措施依然更多的是行政手段在网上空间的继续，治理举措上还囿于传统模式。

同时在治理手段上，停留在用法律来治理，法律法规体系还不够健全，也没有很好地将法治精神融入治理之中。如在以法治网方面，近年来，我国相继密集出台了关于加强网络信息保护、关于办理利用信息网络实施诽谤等刑事案件适用法律若干问题、即时通信工具公众信息服务发展管理暂行规定、关于审

---

① 吴学琴．当代中国日常生活维度的意识形态研究．北京：人民出版社，2014：340.
② 马克思恩格斯选集：第1卷．北京：人民出版社，1995：73.

理利用信息网络侵害人身权益民事纠纷案件适用法律若干问题等方面的规定，但梳理现有的法律法规发现，对日新月异发展的互联网来说，互联网方面法律法规体系已不能适应其发展的需要，急需制定新的法律法规以适应时代发展的要求。如"魏则西之死"事件暴露的对互联网广告的规定，目前还没有专门的法律法规；"李文星之死"暴露网上招聘的虚假性和监管存在的漏洞。

党的十八届四中全会通过了《中共中央关于全面推进依法治国若干重大问题的决定》，阅读一下媒体播发的一些英文稿件，"法治"翻译成英语为"rule of law"，这是一次巨大进步。但在现实中，我们还没有实现"rule of law"，很多领导干部的认识还停留在"rule by law"，即用法律来统治，而这种认识对于网络意识形态的治理显然是有失偏颇的，因此要实现由法制向法治的转变。

（五）部分网民素质不高

互联网的迅速发展让我们措手不及，以致很多相对应、匹配的工作都没有跟上，比如对网民的网络素养教育就比较缺乏，网民的法治意识急需提升。现实社会中，有些人的泄愤，甚至报复思想严重，这在互联网上就体现得尤为明显。"当您的思想价值体系受到外界影响时"，26.46%的人表示"自己的意志不坚定，会受到影响"。这说明网民的思想意识不坚定，核心是素质不高，对事物的本质还没有把握，自己的观点摇摆不定。有些网民具有明显的暴力化和泄愤情绪，带有民粹化倾向，以暴制暴、以恶惩恶的现象在网上屡见不鲜。正如陶鹏指出的那样——"当下网络监督还不规范，受到非制度化、情绪化、娱乐化、自由化等困扰"。① 网民的"罗宾汉情节"得到彰显，层出不穷的"网络暴力"事件都充分表明中国网民的网络素养还有待提高。

（六）标本兼治尚未实现

治理是一个系统工程，需要考虑到方方面面的问题，目前意识形态治理上，缺乏系统治理，表现在过分重视管控，现实问题和矛盾解决力度不够，还没有充分得到人民群众的满意，不实现现实问题的根本解决，就很难实现意识形态的有效治理。比如，目前在互联网治理上存在"见子打子"的问题，而考虑深

---

① 陶鹏. 网络监督面临的实践困境与化解路径. 重庆理工大学学报：社会科学，2014
（4）：94 - 95.

层次问题、长远的问题不够，效果上没有很好地实现标本兼治。如开展一系列"净网行动"和专项整治行动，虽然当时取得了明显实效，但过后就会出现"死灰复燃"的情况。进一步讲，互联网治理策略缺乏系统性、长期性，没有从建、用、管等方面全方位依法治理，而是局限在某一方面"单打独斗"。这导致顾此失彼，网络舆论和具体网络事件有时真假难辨。在对"您觉得网络舆论常常有利于您认识真相还是将自己引入误区"的调查中，17.3%的人选择"引入误区"，54.33%的人选择"说不清楚"。对于互联网治理而言，建、用、管是统一的系统，不可缺少其一。所以，实施系统性的意识形态治理策略是当务之急，才可能实现标本兼治。①

三、中国网络意识形态治理成败的原因分析

（一）取得成效的原因

1. 高度重视意识形态工作

"坚持党对宣传思想工作的领导，保证党对意识形态的领导权和主动权"。"党的领导是做好宣传思想工作的关键"，② 中国共产党从成立以来就非常重视意识形态工作。在成立之初就明确了自己的纲领和任务，始终坚持党对意识形态工作的领导，牢牢把握意识形态治理的主导权。21 世纪以来，面对复杂的国内外环境，党中央每隔几年就召开一次全国宣传思想工作会议，每年部署宣传思想工作重点，在重大时间节点更是摆在更加突出的位置，切实做到准确把握各个时期意识形态领域的形势。各级党委和政府按照中央的要求，以高度的责任感和使命感，抓好中央关于意识形态工作决策部署的贯彻落实，工作中加强对所在地区宣传思想领域重大问题的分析研判和重大战略性任务的统筹指导，防范和处理好意识形态领域存在的各种问题，同时加大对意识形态工作的督查考核力度，保证了中央政策有效落实，维护好社会和谐稳定。

---

① 苗国厚，谢霄男. 网络空间治理法治化路径：依法办网、上网、管网. 重庆理工大学学报（社会科学），2015（9）：87－90.

② 周耀宏. 十六大以来社会主义意识形态建设的基本经验. 南昌大学学报（人文社会科学版），2010（2）：1－6.

2. 坚决反对错误思潮

旗帜鲜明与反马克思主义做斗争，牢牢把握网络意识形态治理正确方向。21 世纪以来，世界范围内各种思想文化交流更加频繁，思想文化领域斗争的表现形式也日益复杂多样。实践证明，在思想文化阵地，如果马克思主义不去占领，其他思想体系、价值观念就会去占领。习近平指出："我们是当今世界最大的社会主义国家，必然会长期面对各种敌对势力在意识形态领域的渗透活动。"① 当西方国家妄图用资本主义的思想观念、价值取向对中国进行渗透时，当西方国家刻意抹黑中国、宣扬中国威胁论和中国霸权论时，当部分群众开始对主流意识形态认同淡化甚至漠视，出现了对新自由主义和民主社会主义等思潮追捧时，我们党都旗帜鲜明地与反马克思主义、反社会主义做斗争，对错误思想进行严厉批判，澄清了思想认识，巩固了思想阵地。

3. 非常注重理论创新

注重理论创新，及时解决网络意识形态治理的理论和现实问题。马克思主义不是刻板空洞的理论教条，它揭示了人类社会发展的基本规律，具有强大的生命力。我们党始终坚持把马克思主义基本原理同中国具体实际相结合，在实践中不断发展马克思主义，产生了毛泽东思想和中国特色社会主义理论体系两大理论成果。党的十六大、十八大、十九大分别把"三个代表"重要思想、科学发展观、习近平新时代中国特色社会主义思想写入《党章》，确立为党的指导思想，这样可以与时俱进地解决中国社会出现的重大问题，为我国经济社会的发展提供重要指导。需要指出的是，党的十八大以来，以习近平同志为核心的党中央提出了全面建成小康社会、全面深化改革、全面依法治国、全面从严治党"四个全面"战略布局，统筹推进经济建设、政治建设、文化建设、社会建设、生态文明建设"五位一体"总体布局，开辟了我们党治国理政的新境界，产生了习近平新时代中国特色社会主义思想，实现了马克思主义与中国实践相结合的新飞跃。实践证明，加强社会主义意识形态建设，必须进行马克思主义理论创新，把马克思主义同中国实际相结合，进而运用马克思主义的立场、观

---

① 中共中央文献研究室．十六大以来重要文献选编（中）．北京：中央文献出版社，2006：501.

点、方法研究和解决意识形态治理中的现实问题，努力开辟马克思主义意识形态理论发展的新境界。①

4. 尊重网民主体地位

在网络社会，网民就是广大人民群众。要尊重网民的主体地位，夯实网络意识形态治理的群众基础。人民群众是历史的主体，是历史的创造者，这是历史唯物主义的基本观点。人民群众在社会主义意识形态建设中扮演着非常重要的角色，是社会主义意识形态建设必须紧紧依靠的决定性力量。历代党中央领导集体始终明确、牢记、践行着全心全意为人民服务的宗旨。党的十六大以来，以胡锦涛为总书记的党中央提出了以人为本的理念，把服务人民的思想贯彻到新的高度，科学回答了人民群众关注的热点问题，着力有效解决了一系列关乎人民群众切身利益的难题，取消农业税，让人民群众切实感受到党和国家的关怀，增强了社会主义意识形态的凝聚力、吸引力，赢得了人民群众的信任和支持。只有有效满足人民群众的需要，夯实意识形态治理的群众基础，才能使社会主义意识形态转变成巨大的精神力量，推进中国特色社会主义的建设。党的十八大以来，以习近平同志为核心的党中央深刻阐述了意识形态的党性和人民性的辩证统一关系问题，指出意识形态的党性和人民性从来都是统一的，做好意识形态工作，不仅必须讲党性，增强党的政治意识，维护中央权威，还必须坚持意识形态的人民性，牢固树立以人民为中心的政绩观，坚持以民为本，尊重人民群众的主体地位，发挥人民群众的积极作用。②

5. 与时俱进更新治理重点

坚持与时俱进，找准网络意识形态治理的重点内容。信息时代，科技迅速发展，给党的宣传思想文化工作提供了机遇的同时，也为意识形态的治理带来了巨大挑战。互联网已经成为意识形态斗争的主战场，在互联网这个战场上，我们能否站得住脚，直接关系我国意识形态安全和政权稳定。在网络社会下，我们党与时俱进，切实加强了互联网的治理。党的十七届六中全会提出，"要认

---

① 曲青山."四个全面"战略布局是党治国理政的"牛鼻子".光明日报，2015 - 07 - 13.

② 葛彦东.中国共产党领导社会主义意识形态建设的基本经验.思想理论教育导刊，2010 (12)：29 - 33.

真贯彻'积极利用、科学发展、依法管理、确保安全'的方针，进一步加强和改进网络文化建设和管理"。坚持依法管网，相继出台了《关于互联网的安全管理办法》《计算机信息网络国际联网管理暂行规定》《计算机信息网络国际联网安全保护管理办法》《网络安全法》等一系列法律文件。此外，还加强网络文化建设，提高互联网上的舆论引导能力，努力使互联网成为传播社会主义先进文化的前沿阵地，不断促进人们精神文化生活健康发展。①

6. 重视治理手段方法创新

重视方式方法和手段的创新，提高网络意识形态治理的实效。党在推进我国意识形态建设过程中，十分重视方式方法手段的创新，通过发展社会主义先进文化及建设社会主义核心价值体系、培育和践行社会主义核心价值观，以及加强精神文明建设、改进思想政治工作等来推进我国社会主义意识形态建设。胡锦涛曾提出"努力使宣传思想工作更好地体现时代性、把握规律性、富于创造性"。习近平指出，宣传思想工作要"胸怀大局、把握大势、着眼大事，找准工作切入点和着力点，做到因势而谋、应势而动、顺势而为"。明确提出要实现治理手段方法的与时俱进，不可囿于传统。为此，意识形态工作者针对形势的发展，勇于创新，更加重视工作方式方法手段的创新，适应信息时代出现的新情况，利用现代信息技术创新意识形态工作方式，积极掌握主动，实现了网络意识形态治理的有效治理。

（二）存在不足的原因

1. 传统思想认识根深蒂固

从社会层面上看，由于受几千年农耕社会的影响，传统的思想认识在人们的头脑中根深蒂固。在人类历史的长河中，早期的历史发展比较缓慢，人类社会经历了几千年的农业文明，又经历了两三百年的工业文明。随着时间的推移，社会进步的脚步加快，但社会整体的思想认识却滞后于社会的发展。思想是行动的先导，思想的启蒙和解放异常重要。西方十四、十五世纪的文艺复兴，解除了禁锢人们的精神枷锁，把人们从中世纪的黑暗中拯救出来，使人们摆脱了

---

① 中共中央宣传部，中共中央文献研究室. 论文化建设重要论述摘编. 北京：学习出版社，中央文献出版社，2012：86 – 87.

麻木的精神状态，让人们去发现，去积极探索。文艺复兴为工业革命的发生提供了思想准备，催生了工业革命的到来。同样，1978年，"关于真理标准问题的大讨论"为党的十一届三中全会的召开做了重要的思想准备，催生了中国的改革开放，掀开了中国历史的新篇章。

中国在1994年接入互联网，早期主要是应用于科学研究，21世纪以来才逐步开始广泛应用于社会生产生活。短短二十几年的时间在人类社会的历史上只是一瞬间，在人们的思想认识上虽然产生了一定影响，但相对几千年人类文明沉淀下来的思想认识，新思维新观念依然不能撼动传统的思想观念，传统的思想认识在人们心中还根深蒂固。传统观念和治理思想导致我们治理工作不能很好地适应社会意识形态发展的需要。此外，在对"您认为加强主流意识形态的宣传必要性"调查中，9.16%的人认为"没必要，了解了也没什么用处"，这迫切需要提高这些人对意识形态工作重要性的认识。

2. 多元治理格局尚未形成

近年来，在社会治理上，政府积极推动多元治理格局，促使社会组织参加社会治理。但中国传统的管理思想是政府包揽一切，加上计划经济体制下的思想烙印，政府无处不在，经常出现在社会治理的各个方面。而这就在一定程度上压制了其他社会组织的成长和作用发挥。加上自古以来中央集权的管理体制，中国社会组织的发展相对较慢，社会组织参与社会治理的意识还没有完全形成，并在政府管理人员中形成一种自觉意识，这导致社会组织数量还不能满足社会治理需要。同时，社会组织自身建设还不够健全，有些处于"半瘫痪"运转状态。此外，社会组织参与社会治理的渠道也不是很多，即使社会组织能够参与社会治理，其作用发挥也受到很大限制。

进一步讲，多元治理联动也不到位，合力还不够强，这就导致了治理还没有形成多元主体的自觉协同，多数是政府上演"独角戏"，政府作用过去，一切又重回以前的状态。前文提到的各种"净网"行动，就是佐证。有时我们简单地将大众等同于被动的客体和接受者，过分强调了大众的被动性和受控性，而没有看到或者说低估了大众本身的批判性和主体性。45.04%的人看反动信息"不理睬"须引起高度重视，需要社会组织和广大网民的积极参与，并自觉自律，唯有这样才能从根本上实现社会意识形态的长久有效治理。

3. 手段方式改革创新不足

前文已经分析，网络意识形态的治理不同于传统意识形态的管理，因此，治理手段方式要与时俱进，但现实社会中，传统的管理方式依然占据主导，管控有余，而治理措施不足。表现比较明显的是在网上意识形态的处置上，当下对于敏感的网上舆情，政府一般采取封堵和删除的处理方式，负面管控方式强硬，但正面引导疲软，对网上负面信息删除多、封堵多，对错误言论和思潮开展批评少。这易导致出现网民的抵触情绪，进而产生对政府的不信任的态度，意识形态的治理就很难达到预期效果。

同时，在人的心理上，本能就有一种守旧的思想。因为创新本身就需要时间和精力去探索，有时不成功还会导致负面的效果。为此，墨守成规、因循守旧成了我们不犯错误或少犯错误的选择。中规中矩、不犯错误成为很多干部、社会组织和普通民众的追求，但面对网络意识形态这个意识形态的崭新形态，显然一直沿用老办法是难以达到好的治理效果。

4. 网络素养教育重视还不够

工业革命爆发后，当时世界各国对蒸汽机的重视与否，对工业革命成果的欢迎与否，导致了其后各国的强弱盛衰。法、德、美积极引进工业革命成果，甚至不惜使用间谍等手段获取新技术。西班牙、中国则迟迟不欢迎这些新技术的革命成果，其结果导致了两种截然不同的命运。中国吸收前车之鉴的教训，大力发展互联网产业，但目前对互联网教育还未得到应有的重视，还没有跟上。人们还往往被网上舆论和事件"牵着鼻子走"，35.5%的人表示因为网络热点问题"可能会左右自己原来的观点"。作为教育体系中最核心、最重要的学校教育，目前对互联网教育方面的课程多限计算机专业的学生，而从社会发展趋势来讲，网络教育应融入公共教育之中，提升教育的深度，对所有学生开设通识课程、举办讲座等，创造条件结合专业开展网络素养教育，引导广大学生正确看待网上的思想言论，树立正确的价值取向。同时还要引导学生认清网络技术的意识形态性，降低网络技术对学生的异化程度。

5. 社会组织参与度不高

改革开放以来，中国社会经历了巨大变局，尤其是网络社会出现以后，社会结构发生了明显改变。但在意识形态治理方面，过多依靠政治和行政手段，通常以文件、指令、检查、督查等形式实现，带有明显的政府单方性，与西方社会相比，中国社会组织参与意识形态治理主动性不够。进一步讲，社会组织参与意识形态治理的工作机制没有得到有效运行，缺乏有效的参与渠道。同时，现有参与渠道的作用发挥还要进一步提高，这种情况与网络社会的特征是不相符的，网络意识形态治理效果自然就受到影响，需要健全工作机制，推行工作联席会议制度，搭建统一、权威、高效的跨部门、跨行业会商协作机制。

6. 有效治理策略比较缺乏

一般情况，政策的制定要落后于现实社会的变化，尤其是在快速发展的网络社会。受传统思想观念影响，目前网络意识形态治理策略多局限在网上层面，同时，缺少从网上和网下两个视角来分析研究，导致出现目前在意识形态的治理上，缺乏有效的治理策略。同时，现有策略还局限在意识形态的管理层面，系统治理思想还没有充分运用，多元治理、协同治理还没有效实现，停留在党委和政府一元的管理模式。需要激发网络社会新型组织，尤其是实现广大网民的自觉自律，发挥其作用。此外，网络意识形态治理策略的使用，需要不断检验完善，而对于网络意识形态治理，目前还处于起步阶段，有效的网络意识形态治理策略还比较缺乏。

第三部分　中国网络意识形态治理的基本框架与实施策略

本部分从网络意识形态治理的目标、原则、主体、对象、方法和情境构建网络意识形态治理的基本框架，从党委和政府（主导主体）、传统社会组织（参与主体）、网络社会组织（新型主体）、网民（终端主体）分别探究网络意识形态治理的实施策略。

一、中国网络意识形态治理的基本框架

（一）网络意识形态治理的目标

对于意识形态的治理要牢牢掌握意识形态的主导权，必须牢牢掌握意识形态工作的领导权、主动权、管理权和话语权。习近平指出，意识形态工作就是

要巩固马克思主义在意识形态领域的指导地位，巩固全党全国人民团结奋斗的共同思想基础。把全国各族人民团结和凝聚在中国特色社会主义和中华民族伟大复兴的伟大旗帜之下。①

1. 巩固马克思主义在意识形态领域的指导地位

国家意识形态是一个国家的精神内核，"意识形态本质上是国家现象"。②习近平把意识形态工作定位为"党的一项极端重要的工作""事关党的前途命运"，直接关系到党的政治地位，"意识形态能使全党有个统一思想的问题，只有思想统一才可能有行动上的一致"。③ 改革开放以来，我国经济迅速发展，国家综合实力日益强大，西方国家日益感到"威胁"，把我国的发展壮大视为对其价值观和制度模式的巨大挑战和障碍，加紧对我国进行思想文化入侵和意识形态渗透。西方国家打着"人权""民主"等各种旗号，继续对我国实施西化和分化，推行所谓民主化浪潮，企图侵蚀我国的主流意识形态。因此，必须坚持以马克思主义意识形态来教育和武装全党，保持党的先进性、纯洁性和思想统一性。要站在党的前途命运高度，做好网络社会下意识形态治理工作，要坚持和巩固马克思主义在意识形态领域的指导地位，把党的意识形态转化为国家的意识形态以及全社会的意识形态，使党的理论信仰、价值观念、理想目标、执政理念、施政方略、政策主张成为社会成员的共识，引导网民全面地贯彻执行党的路线、方针、政策。

2. 巩固全党全国人民团结奋斗的共同思想基础

十九大报告指出，必须坚持马克思主义，牢固树立共产主义远大理想和中国特色社会主义共同理想。人民有信仰，国家有力量，民族有希望。坚定中国特色社会主义道路自信、理论自信、制度自信、文化自信，不断夺取中国特色社会主义新胜利，是当代中国共产党人最核心的使命。党的十八大以来，以习近平同志为核心的党中央高度重视党员的理想信念，并指出理想信念犹如共产党人精神上的"钙"，理想信念不坚定，精神上就会"缺钙"，就会得"软骨

---

① 倪光辉. 胸怀大局把握大势着眼大事　努力把宣传思想工作做得更好. 人民日报，2013 - 08 - 21.

② 侯惠勤. 意识形态的历史转型及其当代挑战. 马克思主义研究，2013（12）：5.

③ 陈泽伟. 意识形态事关前途命运. 瞭望新闻周刊，2013（34）：38 - 39.

病"。当下，历史虚无主义、文化虚无主义、新自由主义、西方宪政思想等多种思潮存在，如果人们对中国特色社会主义道路不自信、理论不自信、制度不自信、文化不自信，那他们就难以认同中国特色社会主义，也无法真正投入到我国的社会主义事业建设，甚至可能出现破坏我国社会主义建设的现象。习近平在庆祝中国共产党成立 95 周年大会上明确提出，中国共产党人要坚持"中国特色社会主义道路自信、理论自信、制度自信、文化自信"。① 实现"四个自信"是我国社会主义事业建设与发展的基础，是网络意识形态治理的目标。"四个自信"是共产党人的不变追求，同时也是全社会要形成的舆论氛围。要帮助广大干部群众深刻理解在当代中国，只有中国特色社会主义能够引领中国发展进步，能够最大限度地凝聚不同社会阶层、不同利益群体的智慧和力量，坚信只有中国特色社会主义道路才能够指引中华民族实现伟大复兴。

3. 引导广大人民积极响应实现中国梦伟大号召

"水能载舟，亦能覆舟"，人民是"水"，党和国家是"舟"，为此要凝聚民心。当前，网络上存在一些歪曲党的历史、诋毁中国特色社会主义等方面的言论和声音，对党的领导地位和中国特色社会主义道路等存在一定的质疑，意识形态领域存在"走资"和"西化"的现象。这对党的十九大提出的建设网络强国要求，提出了挑战。同时，互联网已成为人们发声的社会空间，但由于网络发表言论门槛低，有时又缺乏有效监管，各种不负责任的言论肆意横飞，导致出现舆论"混乱"现象。在网络上出现"诽谤""恶意攻击"马克思主义、中国共产党以及社会主义制度等方面的负面言论，"马克思主义过时论""意识形态终结论""社会主义失败论"等论调弱化或淡化我国的主流意识形态。国内外敌对势力、反动势力乘虚而入，煽动"反党、反国家"等负面社会情绪，并在网络蔓延。党和国家的公信力和形象受损，"民心不齐"不仅动摇党的政治地位，同时也给社会和谐稳定埋下隐患。

因此，要结合时代深化对中国特色社会主义道路、理论、制度、文化的阐释，为人们的困扰和疑惑提供科学解释和回答，要用马克思主义中国化的最新成果对社会上的"错误论调"进行科学批判，对社会问题、社会矛盾等进行科

---

① 习近平. 在庆祝中国共产党成立 95 周年大会上的讲话. 人民日报, 2016 – 07 – 02.

学解释，做出有充分说服力的回答，进而提高民族凝聚力和向心力。尤其是在网络社会下，要采用多元化的方式对中国特色社会主义进行宣传教育，让人们在深刻理解的基础上认同和内化中国特色社会主义，从而全心全意投身社会主义事业建设之中，为实现"两个一百年"奋斗目标和中华民族伟大复兴中国梦而奋斗。尤其是十九大报告清晰擘画全面建成社会主义现代化强国的时间表、路线图。在2020年全面建成小康社会、实现第一个百年奋斗目标的基础上，再奋斗15年，在2035年基本实现社会主义现代化。从2035年到21世纪中叶，在基本实现现代化的基础上，再奋斗15年，把我国建成富强民主文明和谐美丽的社会主义现代化强国。需要凝聚全社会的力量，投身到建设中，在全面建成小康社会、实现中华民族伟大复兴中国梦的历史进程中创造出无愧于时代的业绩。

（二）网络意识形态治理的原则

网络意识形态的治理从宏观上讲，要与时俱进，针对新时期新形势意识形态所呈现的新特点新结构，以及自身生成转化规律，更新治理策略。要尊重规律，根据意识形态在网络社会的具体呈现规律的要求，提出新的治理策略。要坚持"稳定压倒一切"，"中国不能乱""不允许乱"是邓小平总结国际国内正反两个方面的经验得出的科学结论，是他一贯坚持的重要原则，是邓小平理论中的一个很重要的思想、观点。虽然学界对"稳定压倒一切"有不同的看法，但当下我们对稳定的现状要非常珍惜，看看国外有些国家动荡的局势，就显得弥足珍贵。在具体执行操作层面要坚持一元主导与多元共治相统一、以德治理与依法治理相统一、主流引导与兼容并包相统一、系统治理与源头治理相统一、积极主动与联动融合相统一。

1. 一元主导与多元共治相统一

一元主导就是坚持党对意识形态的领导，牢牢掌握意识形态的主导权。共产党成立之初，在那个救亡图存的年代，革命型的意识形态产生，早期的共产党人积极将马克思主义介绍到中国，并与中国革命实际相结合。为了提高工人群众的思想觉悟，认清社会现状，早期的共产党人非常重视思想教育，通过创办工人刊物，创办书社，销售进步书刊，开办各类讲座、纪念活动和公开集会，开办文化补习学校，发动和组织工人成立工会组织等方式加强意识形态的教育，在当时，把宣传马克思主义、宣传党的纲领和思想、对工人进行启蒙教育作为党的中心任务。① 实践证明，加强党对意识形态工作的领导，牢牢掌握意识形态工作的主导权，是党和社会主义事业永远立于不败之地的根本所在。② 因此，在新时期，网络意识形态的治理必须始终坚持党对意识形态的领导，在治理中发挥主导作用。同时，又要与时俱进，结合网络社会的实际，结合治理理论的需要，积极吸收社会组织、网民，尤其是各类网络企业、组织参与到意识形态治理之中，形成协同联动和合力效应。

2. 以德治理与依法治理相统一

中国自古以来都非常重视以德来治理国家，以德治理是对传统文化的继承。以德治理，发挥道德的教育感化作用，要以理想、信念教育为核心，强化正面教育，强化道德说服力和道德劝导力的作用，启迪人们的道德觉悟，激励人们的道德情操，使建设有中国特色社会主义思想道德观念深入人心，成为凝聚和团结全党全国人民的坚强的精神支柱。同时，针对少数教育引导无效的情况，要加强依法治理，强化法治的统一性和规范性，减少人为因素的影响。当然依法治国与以德治国是紧密相连的，法治是德治的升华，德治是法治的思想前提。法律属于外在的"他律"，道德体现内在的"自律"，道德治"本"，法律治"标"，以德治理更持久，依法治理更关键。依法治理和以德治理的结合，既运用法律的权威性和强制性手段规范社会成员的行为，又善于用道德的感召力和劝导力提高社会成员的思想认识，从内外两方面、他律自律两种形式，强化人的道德意志和荣辱观念，营造良好的社会思想舆论环境。

3. 主流引导与兼容并包相统一

网络意识形态治理不是消除其他意识形态，而是如何引领，实现指导下的共存。意识形态治理要强化主流引导，把社会主义的生活方式和价值观念固化、渗透到社会的一般精神生活中，变成人们观察、认知和评价世界的准则，进而巩固马克思主义、社会主义意识形态的指导地位，掌握战略和道义的制高点，维护国家的意识形态安全。同时，在网络意识形态治理中，要注重包容引导、

---

① 王欣. 建党初期党的思想政治教育工作研究. 党史文苑，2010（8）：60 - 61.
② 王永贵. 中国共产党 90 年来推进意识形态工作的历史经验. 当代世界与社会主义，2011（4）：124 - 125.

借鉴吸收，主流意识形态要包容其他意识形态，通过人文关怀和心理疏导实现对社会思潮和思想观念的引导。同时，要吸收借鉴其他优秀思想文化成果，丰富主流意识形态，不断赋予主流意识形态实践特色、民族特色和时代特色，使其更加生活化，更接地气，使之成为不同阶层和群体共同的精神家园，防止使意识形态高高在上，而成为空中楼阁。在此过程中，处理好政治性与学术性的关系，网络意识形态本质属性虽不只具有价值性、政治性，但政治性仍是异常重要的。学术问题的研究不可避免会涉及政治问题，这就出现了两者关系的处理问题，尤其互联网会异化一些学术观点，带来对政治意识形态的消解，甚至是冲击。要注意区分学术问题和政治问题的界限和差别，不要把学术探讨中出现的问题当做政治问题，更不要把政治问题当做一般学术问题来认识。① 进一步讲，还要处理好"百花齐放，百家争鸣"与划清界限的关系。在文化领域、学术问题等研究中，要坚持"双百方针"，但同时也要防备境内外敌对势力、不法分子以学术研究、基金会、学术交流活动为由开展意识形态方面的侵蚀活动，对此必须高度重视，提高警惕，坚决制止。另外，还要处理好包容性与批判性的关系、继承与创新的关系等。

4. 系统治理与源头治理相统一

在党的十八届三中全会通过的《中共中央关于全面深化改革若干重大问题的决定》中就明确提出系统治理的思想，实现治理主体由"政府包揽向政府主导、社会共治转变"，还提出了综合治理的思想，而这些都是系统治理原则的体现。网络社会下，意识形态工作涉及国内国外、网上网下，网络意识形态治理同样也要系统治理。要坚持"固本"与"强基"的结合，"固本"就是巩固马克思主义的指导地位，"强基"就是人民群众团结奋斗的思想认识，对中国特色社会主义的共同理想，在意识形态治理过程中两者缺一不可。坚持网上与网下的结合，网络社会下，网上社会与网下社会交织互为一体、不可分割，因此，网络意识形态治理不能顾此失彼，只顾一个方面。坚持稳内与防外的结合，国外敌对势力对我国的不轨图谋一刻也没有消失，在网络意识形态治理上，不仅

① 王进. 研究无禁区　宣传有纪律——正确处理思想理论领域问题的一项重要原则. 重庆社会科学, 2004（S1）: 9.

要确保国内的稳定和谐，还要更好防范国外的干扰。在具体方法上，要坚持疏导与围堵的结合、硬性与柔性结合，对于人民内部矛盾产生的问题，要疏导、柔性处理，而对于敌我矛盾产生的问题，一定要区别对待，进行围堵，采取必要的强制手段和措施。在治理的对象上，要坚持体制内与体制外的结合、坚持党员干部与普通群众统一，对于不同的对象，要区别对待，以体制内带动体制外，以党员干部带动影响普通群众。同时，要从源头分析问题，善于发现问题的根源所在，根本问题解决了，就可以显著提高治理针对性，达到事半功倍的效果。

5. 积极主动与联动融合相统一

坚持积极主动是为了掌握意识形态的主动权，防止出现被动局面。人类社会的发展速度越来越快，社会知识等更新的周期缩短。网络社会下，在各种新技术、新发明的推动下，社会的变化日新月异，绝不是夸张和修饰，而是真实描述。前文已论述了信息的传输方式和人的交往方式都发生了革命性变化，如果意识形态工作还存在"放一下，停一下，没什么大问题"的想法，这显然与网络社会，与网络意识形态不适合的，工作成效自然就可想而知了。基于此，网络社会下意识形态治理必须积极主动出击，掌握事态发展的主动权，促使事态朝有利方向发展。在工作中要主动思考，根据形势发展主动谋划工作；要注重技术创新，提高工作的技术含量，摆脱传统"刀耕火种"低层次的人海战术作业，注重方式方法的创新，提高新技术、新手段在工作中的效能贡献度，进而牢牢把握意识形态工作的主动权。

同时，要坚持多主体协同联动。唯物辩证法认为，世界是普遍联系、永恒发展的，我们必须坚持用全面、联系和发展的眼光看问题。尤其是现在网络化的今天，每个要素都是系统中的一个节点，"你联系着我，我影响着你"，国内外各种矛盾相互交织，新问题层出不穷，如果还孤立、片面地看问题，一定会寸步难行，达不到预期的效果。网络意识形态治理涉及面广、内容复杂，其治理必须坚持联动融合原则。具体要处理好多元共存的关系，加强协同联动，形成合力效应。

（三）网络意识形态治理的主体

党的十八届五中全会提出："完善党委领导、政府主导、社会协同、公众参与、法治保障的社会治理体制，明确了加强和创新社会治理和实现政府治理、社会调节、居民自治良性互动等目标要求。"习近平强调，各级党委要负起政治责任和领导责任，要树立大宣传的工作理念，动员各条战线各个部门一起来做，把宣传思想工作同各个领域的行政管理、行业管理、社会管理更加紧密地结合起来。据此，结合网络社会的实际，本文认为，网络意识形态治理主体包括党委和政府、传统社会组织、网络社会组织、广大网民，分别对应主导主体、参与主体、新型主体、终端主体。

1. 党委和政府

党委和政府是主导主体。不管社会如何发展，意识形态的主导权一定要牢牢掌握在我们党和人民政府手上。这是社会制度决定的，也是经验总结。具体部门是宣传部门、文教部门、广电出版部门等。随着互联网的兴起和应用，中国陆续出台了关于网络使用和规范网络行为的法律法规，在经济上也加大了网络治理的投入，前文已经进行了详述，但也存在一些具体的问题需要重视。如政府自身公信力下降，人们对政府的支持和信赖减弱；面对西方主导的网络技术，有时难以招架，目前在中国广泛使用的操作系统依然是美国微软公司的Windows 系统，这对于中国来说潜伏着巨大的风险。这些问题亟待解决。

2. 传统社会组织

各类传统社会组织是参与主体。社会组织是创新社会治理的重要力量，鼓励和支持社会组织在社会治理中发挥积极作用，有利于强化社会协同、扩大公众参与、增强社会活力，有利于巩固党的执政基础和社会和谐基础。① 研究表明，社会组织的发展对我国社会思想文化及意识形态安全产生了重要的积极作用。② 因此，要大力鼓励和支持社会组织在网络意识形态治理中发挥积极作用，丰富社会主义社会思想文化和意识形态的时代内容，利用自身优势，进一步增强中国特色的社会主义核心价值体系的巨大包容力，配合党和国家做好意识形态工作，保障和促进社会的和谐稳定。

---

① 李立国. 充分发挥社会组织在社会治理中的作用. 中国社会组织, 2016 (4): 1.
② 葛道顺. 中国社会组织发展：从社会主体到国家意识——公民社会组织发展及其对意识形态构建的影响. 江苏社会科学, 2011 (3): 19 - 28.

需要特别说明的是，在国际上由于文化传统和语言习惯的不同，对社会组织有不同的界定。在国内由于不同语境和范畴，对社会组织的理解也不尽相同。此处的社会组织是广义的概念，包括传统社会下各类政治、经济、文化和社会组织，如政党、企事业单位、新闻媒体单位、人民团体、科研教育机构、各类行会协会等。

3. 网络社会组织

网络社会组织是新型主体。网络社会组织是网络社会下产生的，和互联网相关的企业和社会组织，是广义的概念。它是社会组织中的组成部分，是新形势下出现的一种特殊的社会组织。考虑到其在网络意识形态治理中的特殊地位和作用，我们将其单列。从生成上讲，"缘"是聚集人们的重要因素，先前社会的血缘、姻缘、业缘、地缘。网络社会开始出现了"网缘"，以网缘为基础而形成的社会组织出现了。随着社会的发展，类似组织会越来越多。互联网企业从广义上讲，只要以互联网为基础的经营企业都称为互联网企业，一般包括 IT 行业、电子商务、软件开发等业务。如阿里巴巴、百度、腾讯、优酷土豆、网易、21CN 等，这是一种新型的企业，因互联网的出现而发展起来。

近年来，全国各类网络社会组织发挥自身优势，从不同方面、不同角度参与网络建设、服务网民需求，促进社会发展。国家网信办相关业务局负责人表示，积极发挥网络社会组织在促进网络空间清朗、维护网络安全、服务网民需求、促进行业自律等方面的作用。① 根据互联网特点，每个节点都是平等的，网络社会带来的扁平化，使主体性显著增强，在此环境下诞生的新型组织、企业自然主体性较强，在网络意识形态的治理上要充分考虑到这种情况，积极发挥其在意识形态治理上特有的作用。

4. 广大网民

网络社会的网民是终端主体。人民群众是历史的创造者，是社会发展的最终决定力量，是党的执政基础和力量源泉。同时，网络社会下，人的独立性和个体性得到越来越明显的彰显，社会的个体化要求和呼唤意识形态治理的创新。

---

① 国家网信办统计 . 全国现共有 546 家网络社会组织 . http：//news. xinhuanet. com/zgjx/2015 – 08/28/c_ 134563406. htm.

因此，在加强和创新意识形态治理中，应充分吸收网民参与决策、管理、监督社会事务等主体地位，充分发挥主体作用，为了人民群众，依靠人民群众，切实提高网络意识形态治理效果。

进一步讲，国家要求个体认同国家主导的意识形态，然而现实网络社会是一个认同危机的时代，"现代化、信息化、网络化和全球化使得人们重新思考自己的特性和身份"。① 经济市场化、社会信息化、文化多元化、社会多样化下的个体的意识形态处于不断建构——不断破裂——不断建构过程中，其认同主导意识形态始终涉及许多问题和环境变化，始终处于变迁中。在这样的时代大背景下，意识形态治理的关键问题就是如何有效实现和巩固对主流意识形态的认同，如何保证国家意识形态内化于心、外化于行。为此，在网络意识形态治理上要充分发挥网民主体的重要作用，又要考虑网民主体的实际状况和特点，做好必要的引导、沟通和教育，以更好地发挥其作用。

（五）网络意识形态治理的方法

1. 协同联动法

前文已述，治理在于多元主体互动合作，治理主体相互依存，发挥各方优势和潜能。治理不是单向度的权力行使，而是政府与社会组织、公民之间的协作互动过程。在治理中，治理结构是网络化的，打破传统的金字塔结构治理模型，治理者与被治理者之间的界限被打破了。在网络意识形态的治理中，必须打"联合战""组合拳"，多主体协同联动、联合推进治理是重要的治理方法。在治理过程中，网络社会的特性让传统管理方式减弱了效力，要求必须采取共同治理的新模式，党委和政府、传统社会组织、网络社会组织和网民，根据各自的特点及自身优势发挥其功能和作用，通过自上而下、自下而上、横向协商机制，共同努力、共同出力，参与网络意识形态治理，实现"$1+1+1+1>4$"的效果。如在社会舆论引导中，要进行系统的、长期性的、规模性的信息推送，开展创意活动，推进新老媒体的集成运用，实现线上线下有效整合，充分调动媒体与民众传播正能量的积极性，形成协同联动的引导合力。

---

① 亨廷顿. 我们是谁：美国国家特性面临的挑战. 程克雄，译. 北京：新华出版社，2005：11-12.

2. 行政干预法

行政干预具有法定的行政权力，通过制定有关法律、行政法规以及下达行政命令、指示、规定等实施干预，代表国家实施干预活动，干预具有权威性。在网络意识形态治理中，行政干预是不可或缺的方法，针对出现的紧急意识形态突发事件，要及时采取行政干预，对治理对象进行干预，以便妥善解决。行政干预一般分为强制性干预和非强制性干预两种。随着社会的发展，为充分调动各相关方的积极性，在社会治理中一般尽量少用强制性干预，但针对意识形态的治理，鉴于其较强的政治性，必要的强制性干预是必不可少的。要重视对各类网络意识形态载体和阵地的巡逻和监控，健全预警机制，进而在社会不良因子或负面因素刚出现、危机尚未发生前，采取必要措施，及时处置不良因素，大力培育有利因素，维护社会稳定和实现可持续发展。对于举办的哲学社会科学类活动，包括论坛、讲座、报告会、研讨会等，要按照权限实行审批报备制度。

3. 宣传教育法

从"唤起工农千百万"到建立"爱国统一战线"，到"解放思想，实事求是，团结一致向前看"，到今天"不忘初心，继续前进"，宣传教育，求取共识、凝聚共识，一直是我们党的看家本领。在传统宣传教育方式上，主要通过报刊、书籍、板报、标语、传单，以及报告、演讲、座谈、电视等方式方法传播思想观点，但这种传统的意识形态治理方式，在网络意识形态新的对象下，显得有些不合时宜了。过多理论灌输，不考虑接受者的实际情况，很容易造成人们的反感，教育效果不佳，新形势下必须创新治理的方式方法。网络社会下，思想多元化的今天，宣传教育的传统优势也要继承并发展。新形势下，要改进和加强宣传教育。如改进新闻传播方式，多维度媒体整合，将户外广告、广播、电视、报纸、网络、手机报、意见领袖微博、公众微信账号、移动客户端与境外媒体一网打尽，各展所长，形成点多、线长、面广、立体与动态的多维集成优势，增强新闻传播效果。加强教育引导的隐性化，要实现宣传的形象化展示，在网络下，如果还停留在呆板、枯燥的传统社会的"你讲——我听"宣传模式，那宣传效果可想而知。要切合大众需要，实现新闻的故事化传播，善于挖掘小人物的大情怀，通过底层叙事，来获得普遍认同。

4. 精准滴灌法

"精准滴灌"是相对于"大水漫灌"而言，原意指农业生产中的灌溉方式。所谓"大水漫灌"就是"水在地面漫流，借重力作用浸润土地"。所谓"精准滴灌"就是"将水和作物需要的养分一滴一滴、均匀而又缓慢地滴入作物根区土壤"。传统思想政治工作，我们一向强调整齐划一的"大水漫灌"，整体上讲，也起到一定的效果，但随着时代发展，越来越不符合社会需要。"精准滴灌"强调精细、细致入微，而且长久、效果好。因此，在网络意识形态的治理上，要注重采取"精准滴灌"的方法，倡导"以人为本"，坚持从实际出发，因时制宜、因事制宜，针对网络意识形态特点进行治理。

5. 法规约束法

法规是法令、条例、规则、章程等法定文件的总称。亚里士多德认为，法律是正义的体现。立法的根本目的就是促进正义的实现，用法律的手段来教育人民，约束人民，培养人民的正确观念。他认为，法律的特点在于它的公正性，它对一切人，包括统治者和被统治者，都是一样平等的。同时法律又是可变的，它有一个从不完善到更完善的过程，它要通过实践来检验，可以全部变革，也可以部分变革。为此，在网络意识形态的治理上，依法治理是重要的手段，要积极完善意识形态治理的法律法规体系。从另一个层面讲，人在实现自身所谓"自由"的同时，有时不可避免会对社会产生伤害，甚至是灾难性的破坏。他已经冲破道德的缰绳，道德的约束在此时已经不起任何作用，而这时唯有党纪国法才可奏效。从社会规范层次讲，法规是社会的底线，在此基础上是社会道德、组织纪律、信仰追求。法规是具有最大公约数的规范要求，社会每个人都应遵循。在反腐败斗争中，中国形成了系统完备的反腐倡廉法规制度体系，积极构建不敢腐不能腐不想腐的有效机制。同样，在网络意识形态治理中，要充分发挥法规的刚性约束作用，推进形成网络意识形态治理的良好局面。

6. 自律自管法

任何的监管，都有可能留下死角，唯有行业和组织自律才能长久有效。作为市民社会中的重要的基础力量，行业协会在社会管理中发挥着重要作用，西方发达国家非常重视。根据社会发展的一般规律，政府不能包揽一切，其有些功能要逐步让给市场。网络社会下，市民社会不断发展，公民的公共精神和主体性明显增强，在此背景下，政府要相信社会组织，充分发挥其自身作用。要发挥各类传统社会组织宣传教育功能，扬正控负，加强行业自律，实现行业领域的有效治理。网络意识形态治理要积极倡导社会组织和行业的自律，实现自主管理、自我服务、自我约束、自主调整，发挥行业协会整合、统领作用，而且治理效果比政府直接干预更佳。行业组织要积极行动起来，参与网络意识形态治理，实现自身行业的持续健康发展。要充分发挥新型网络社会组织在网络社会中技术领先优势，提高治理效率。

同时要指出的是，网络意识形态治理方法要与时俱进。事物的发展是永无止境的，现有既定的手段、方式、方法不能永远适应网络意识形态治理的需要。随着外界条件的不断变化发展，治理方法始终处于运动发展的动态变化之中。人类治理技术主要发生了两次历史性的变革：第一次是书写文化确定了传统社会治理的技术形态。第二次是当代互联网与大数据为核心的技术进步，而我们正身处于这场深刻变革之中。① 在这样的背景下，网络意识形态的治理方法也要与时俱进。要积极利用大数据技术，进行广泛调查，取得大量信息，然后通过人与计算机相结合、人与互联网相结合和以人为主的方法，加工整理成有科学依据的方案，为措施实施提供技术和理论支撑。根据网络意识形态的特点，本文认为，网络意识形态治理的手段方法的发展趋势也具有一定的特点。一是由简单向复杂发展。面对网络意识形态多元、多样、多变的实际，治理手段方法也必须不断复杂化、多样化、精细化。二是由封闭向开放发展。传统意识形态治理，只有政府实施，牢牢把握住信息，其他社会组织和个体没有机会参与。当下网络社会扁平的社会结构的驱动，人们知情权、参与权、表达权都显著增加，网络意识形态治理是多元主体参与治理，手段方法就不局限在传统政府自身封闭的层面。三是由刚性到柔性发展。意识形态的治理一般以政治命令、行政干预的方法手段进行，但随着网络社会的发展，这种方法有时难以奏效，需要采取柔性方式进行，比如行政听证会、协商民主，建立利益表达机制、利益调节机制和权益保障机制等各种利益协调机制。

---

① 杨敏. "国家——社会"互构关系视角下的国家治理与基层治理. 广西民族大学学报（哲学社会科学版），2016（3）：2－6.

二、中国网络意识形态治理的实施策略

万物互联。从前文分析网络意识形态治理存在主导主体（党委和政府）、参与主体（传统社会组织）、新型主体（网络社会组织）、终端主体（广大网民）四大主体。在从各个主体出发，在分析实施策略中，我们发现主体各有侧重，发力点也不一样，也存在一定的交叉，为此，根据各自主体的特点和重要程度，进行了取舍，各有侧重，从四个不同主体系统分析治理的实施策略。

（一）充分发挥各级党委和政府主导作用

1. 树立网络社会治理理念

党委和政府要主导实施网络意识形态的治理，目前主要从宏观层面进行施策，具体包括宏观指导、统筹协调、行政干预、资源整合、系统治理、利益协调、综合施策、整体推进。目前关于网络空间、网络化、信息化背景下意识形态治理的研究成果不少，但随着 Web3.0 大互联时代的到来，整个社会将是一个网上社会和网下社会有机交融的网络社会，网络社会、网络世界、物联世界是互联网发展的高级阶段。基于这样的认识和理解，网络意识形态治理也务必适应这个需要。首先要在治理理念上要更新，目前意识形态的治理理念已不能适应网络社会发展的需要，迫切需要转变理念，思考在网络社会背景下意识形态的治理。

一是尊重网民的理念。网络社会实现了"让每一个用户拥有和世界组织一样的资源，让每一滴水都等同于大海"的愿景，网民力量显著扩大。在网络社会，用户至上得到了真正体现，只有做到用户至上的网络公司才可能得到快速发展，意识形态的治理也要遵循，不然好的工作效果就很难达到。意识形态治理者要重视网民的心理特征和需求，要注意民众的选择性心理、逆反心理和从众心理，认真研判分析，提出针对性策略；在需求上，不仅要从理论上回答网民思想上存在的问题或疑惑，还要帮助网民解决实际生活中遇到的困难和问题。

二是谨防"蝴蝶效应"理念。"蝴蝶效应"原意是指"亚马孙雨林一只蝴蝶翅膀的振动可能会引起美国得克萨斯州的一场龙卷风"，表示即使微小的变化，经过特定的一系列发展，也可能带动形成巨大的连锁反应。客观地讲，传统现实社会发生蝴蝶效应的概率是很低的，但网络社会里，发生的可能性显著

增大，任何一个小事情，加上指数次叠加传播，就可能产生巨大的变化。互联网提供了这个机会和条件，信息的传播速度加快、范围变大，事件可以在极短时间内井喷式传播。而任何人都可能成为这个蝴蝶效应的制造者，这大大提高了发生其效应的可能性，必须树立谨防"蝴蝶效应"理念。

三是底线思维的理念。意识形态工作涉及国家政治稳定，必须树立底线意识，绝不含糊。因为底线是不可逾越的警戒线，是事物质变的临界点。一旦突破了底线，事物可能就发生重大变化。意识形态治理工作涉及到方方面面，哪些该管哪些不该管，尤其是在网络社会，有时难以确定。针对这种情况，必须树立底线思维，明确哪些是不能动摇、不能含糊的。要善于运用底线思维，及时制止事态的不良发展，赢得工作的主动权。在大是大非面前，一定要头脑清醒，不能当"好好先生"。针对意识形态发生的事件造成的后果达到一定程度，必须采取手段进行管控，不能掉以轻心。

四是线上线下一体化理念。Web3.0条件下，不但包括"人与人、人与机交互和多个终端的交互"，而且将更加自由、便捷。以智能手机为代表的移动互联网时代，实现了"每个个体、时刻联网、各取所需、实时互动"的状态，线上社会和线下社会将有机融为一体。因此，网络意识形态的治理也应该树立线上线下一体化的思想，不应局限在线上或线下某一方面。

五是技术领先理念。针对网络意识形态价值性与技术性的统一，在治理上迫切需要在技术上处于优势地位。互联网的快速发展及对社会的深刻影响，具体讲是由于技术的进步和推动。正是由于（移动）互联网＋、大数据、云计算、物联网等技术不断发展，推动了网络社会的形成，尤其是Web3.0大互联时代，技术将更加先进，而政府一定要掌握先进的技术。不然即使在理念上再先进，但实际操作不能实现，治理效果也不理想。掌握先进网络信息技术，紧紧追踪世界网络技术发展新趋势，掌握网民需求新变化，适时实现主流意识形态建设成果数字化、信息化，提高主流意识形态的融入度、辐射面和影响力。要在争夺中取得有利位置，必须重视大众参与，增强核心技术的竞争力，进而取得网络意识形态治理的主导权。

2. 推行网络社会治理模式

互联网在中国经过20多年的发展，形成了"法律规范、行政监管、行业自律、技术保障为基础"的治理模式格局。不过，由于互联网具有全球开放的属性，以"政府为主体、以业务许可制为基础的自上而下"的传统管理模式陷入困境。原因在于现实社会由于互联网的发展，与网上社会交织而形成了网络社会。当前策略仍停留在传统认识层面，带有浓重的传统社会治理色彩，效果肯定是不理想的。网络技术的发展，它使人的思想观点、主体间关系、社会结构都发生了变化，现实情形发生了变化，这要求治理模式必须转变。

"治理"不同于"管理"，更不同于"统治"，在权威主体、方法、运行向度、作用所及的范围均有不同。从统治走向治理是人类政治发展的普遍趋势。因此，这就要求社会治理要结合网络社会的特点来完善，要进行"扁平化"创新，实现从传统社会治理模式到网络社会治理模式的转变。

首先，要实现从一元单向管控到多元交互共治的转变，传统政府一元主导的模式在网络社会下越来越不奏效，原有的政府单个中心治理模式不能有效解决现实问题，必须树立"一元主导、多元共治"的观念。政府是主导者，社会组织和个人也要积极参与治理之中，实现主体间分工合作，合理顺畅表达利益诉求和建议意见，推动有效治理。

其次，各主体间是平等合作关系，而不能以上下级、管理者与被管理者定位。在网络社会，如果还停留在传统的科层制管理模式，就很难有效开展工作。科层制的管理模式是相对于从上至下集权式管理体制。互联网造就的是扁平的网络社会，在此背景下，要摆脱其管理与被管理、控制与被控制的关系，取而代之的是平等协作关系。当然政府在整个治理过程处于主导地位，发挥决定作用。

再次，努力实现合力效应。治理的主体结构发生变化，政府不再仅是唯一的治理主体，社会组织、网民不再仅是被治理的对象，也是治理的主体。各主体之间要努力实现"1+1+1+1>4"的效果。怎样才能达到这个效果，要变对抗性为非对抗性，变刚性为柔性，变整治为疏导，变命令为协商，变指挥为指导。同时要加大法治力度，实现工作程序化和各主体自律自觉。还要发挥市场作用，网络社会实现各主体的平等协商，发挥市场调节和竞争作用，实现优胜劣汰。最后，政府应注重服务，变监管为服务，变强制为利导，使网络社会各主体互惠互利，营造良好氛围。

3. 加强主流意识形态建设

当下不争的事实是网络社会下社会主义意识形态建设面临着严峻挑战。这些挑战前文已详细论述，集中表现在互联网成为敌对势力对我国进行意识形态渗透的最重要工具，多元化的网络意识形态冲击着社会主义核心价值体系的主导地位，我国主流意识形态安全受到严重挑战。在对"加强主流意识形态的宣传"的态度上，84.35%的人认为"有必要，应该让更多的人了解"。对此，我们要加强主流意识形态的建设。在自身建设上，要坚守马克思主义的"核心"内容，一点也不能退让。同时做大"外围"，形成强大支撑。前文在网络意识形态的结构中，我们已经分析意识形态的核心就是它内含的信仰价值，这是我们必须坚守的。吴育林指出，马克思主义价值观主要的价值取向包括实践首要性的价值取向、人民利益的价值取向、追求人的自由全面发展的价值取向、追求真理的价值取向。① 涉及马克思主义的基本原理、宗旨原则等核心内容，我们不能舍弃，坚决不能重蹈苏联的覆辙。曹长盛指出，放弃马克思主义一元化指导地位，放任意识形态多元化，理想信念缺失，是苏共覆亡至关重要的原因。② 一针见血地指出苏联解体的原因，苏联付出的代价是惨痛的，也是无法挽回的，为世界各国共产党留下了深刻的教训。对此，我们要凝炼坚持马克思主义的核心要义，积极做好宣传教育，不断巩固马克思主义的指导地位。

要正确认清目前存在的一些对马克思主义的歪曲认识。针对西方学者提出的三大混同性"失误"，伊格尔顿用丰富的历史事实和令人折服的逻辑，阐明了"马克思为什么是对的"，明确指出了对马克思主义的歪曲和错误认识。包括"把对马克思主义简单教条式的理解等同于马克思主义、把具有广泛包容性的马克思主义等同于狭隘的政治学说或阶级意识、把对社会主义实践的失误等同于或归结于马克思主义理论自身的缺陷"。针对以上歪曲的表现，伊格尔顿进行了有理有据的辩驳。③ 对此，领导干部和宣传思想工作者要全面学习掌握。

要积极寻求主流意识形态的最大公约数，做大"外围力量"。网络意识形态

---

① 吴育林. 当代中国价值问题与价值重构. 北京：人民出版社，2014：111－118.

② 苏联解体的历史反思. http://www.qstheory.cn/CPC/2014－11/19/m_ 1113310301. htm.

③ 戈士国. 重构中的功能叙事：意识形态概念变迁及其实践意蕴研究. 北京：人民出版社，2013：261.

治理的最终目的是实现国家主流意识形态引领和主导，而不是压制其他社会思潮，因此，在主流意识形态建设上，遵循"叠加共识"，要寻求主流意识形态的最大公约数。任何一种价值体系都要反映一定社会集团的利益和要求，同时通过完善还要尽量满足更多的人利益上的要求。① 基于此，在主流意识形态的建设上，寻找到这个最大公约数，实现价值共识，吸纳更多的人参与到主流意识形态建设中，增强群众基础。在具体路径上，要通过价值对话、工具价值与目的价值的融通、现代性与后现代性的价值澄清、批判错误思潮与传播正能量、市场经济的生活建构、建设政治文明和民主政治等来实现。

要实现主流意识形态信仰从精英到大众的普及。在这个过程中，要关注当前中国的社会心态特征，包括社会不信任扩大化、固化，阶层意识成为社会心态和社会行为重心，社会群体分化加剧，社会情绪引爆点低，社会共享价值缺乏等新情况。② 侯惠勤指出，在新的历史时期为更好地发挥主流意识形态凝聚共识、调动力量的作用，需要让主流意识形态全面渗入人们日常生活。③ 资产阶级之所以能够继续保持其统治地位的合法性，就在于资产阶级意识形态通过学校、教会、家庭、社会组织等把市民个体成功地建构为了社会主体，把意识形态原有的强制灌输转变为了社会主体的自愿认同、接受和践行。换句话说，资产阶级通过把自身意识形态成功地转变为市民社会的心理潜意识，让市民社会把意识形态作为习以为常的、普遍的社会常识加以接受和传承，进而达到巩固自身统治地位的目的。要加强隐性化教育引导。针对人们存在排斥心理的实际，再也不能像过去那样通过政治化、教条化的刻板说教，重视发挥文化的社会教育功能，要贴合民众的口味，贴近民众生活，结合民众需要，将教化内容融入大众文化活动中，运用多种喜闻乐见的方式，让人们在潜移默化中受到教育。

要做到国家意识形态、思想理论和社会心理的有机结合，将理论渗入人们的心里，必须针对受众的特征和需要，实现主流意识形态这种理论化的文字转

---

① 王晓升."意识形态"概念辨析.哲学动态，2010（3）：8.

② 王俊秀.当前社会心态的新变化.北京日报，2015-11-30.

③ 侯惠勤等.国外马克思主义意识形态研究著作评析.北京：中国社会出版社，2015：10.

化成内容可视化的形象展示，比如表格、图片、视频等，为顺应网民注意力的改变，要实现理论概念向感性象征化展示的转变，这样使理论化的主流意识形态转变成可视、可听、可感的形象化材料，进而实现可学。尤其是社会主义核心价值观的培育践行上，要将其通过可视化或感性象征化进入大众传播，积极动员广大人民群众积极参与，不能局限在理论层面。

4. 引导意识形态正向发展

第一，提高引领当代中国社会思潮的能力。差异性和多样性是当代社会思潮呈现出来的新特点，要充分运用马克思主义的立场、观点和方法研究当代中国社会思潮，用马克思主义理论建设的新成果引领当代中国社会思潮的发展方向。在具体路径上，要把马克思主义主流意识形态"融入"国民教育和精神文明建设全过程，并把它切实"转化"为人民的自觉追求，在这个过程中，注意整合"融入"主体和对象间的关系，强化互联网媒体作用发挥。要认真评估当代中国社会思潮的基本走势，具体剖析、正确评判各种社会思潮的性质。意识形态反映人民群众对利益的诉求，只有满足了最大多数人的利益，才能使这一话语体系形成现实的基础。为此，用好"利益"这个调节杠杆，正视各种社会思潮所反映出的社会问题，并妥善解决，维护和实现最广大人民根本利益，赢得民心。同时，提高国民意识形态辨别能力。通过全日制教育、成人教育、职业教育等多种形式加强对网民的教育，提高国民素质。学校要将人格教育作为人才培养的重要方面，努力培养健全的人格。"人格乃是个人适应环境的独特的身心体系""人格乃是决定个人适应环境的个人性格、气质、能力和生理特征"，一个人的素质好不好，与其人格因素息息相关，一个人的人格素养不健全，其他素质难以发展到高水平[1]，遇到复杂问题就难于做出正确的判断，尤其是在意识形态问题上。因为在意识形态问题上，往往带有一定的虚假性，如果没有较强的辨析能力，有可能就做出错误的判断。基于此，要提高国民的素质，培育其健全人格和对意识形态的分析辨别能力。

第二，要推动凝聚社会的价值共识。郭维平认为："要加强社会主义核心价值共识建构是应对意识形态挑战的根本对策。意识形态的特殊在于它是有关价

---

① 伊影秋，许良．论人格教育在人才培养中的重要地位．新西部，2006（12）：134.

值、信仰或意义的观念体系。"① 前文已对其结构进行了分析，其核心部分是意识形态的价值体系，对整个意识形态起着决定性作用。所以，从根本上说凝聚社会的价值共识有助于社会各种意识形态在转化中有导向作用。当下的价值共识就是社会主义核心价值观。要深刻分析大众的精神需求和心理特点，找准社会主义核心价值观的科学性与大众文化的趣味性、核心价值观的崇高性与民众心理世俗性的结合点，通过在利益需求上突出实现个体利益，在价值共鸣上追求整体价值和个体价值共同实现，在精神寄托上强调社会主义共同理想，在情感方面以情感人、捍卫人民群众利益等，进而促使社会大众对社会主义核心价值观的认同。②

第三，消除不同阶层、群体间的思想壁垒。当下中国社会存在不同的阶层，形成了各自的价值体系。基于此，要加强不同阶层、群体之间的交流互动，求同存异、取长补短，促进不同思想观念的融合共存，促使不同群体间思想的相关借鉴，提高各阶层的思想认识，实现求同存异，尽量消除思想壁垒，严防出现思想冲突和激化矛盾，防止出现网络意识形态的无序、恶性转化。

第四，注重发挥榜样的示范引领作用。在网络意识形态的转化过程中，引领和导向非常重要。俗话说，"好的榜样，是最好的引导；好的楷模，是最好的说服"。广泛开展向先进典型学习活动，让人们见贤思齐、完善自我。榜样能够引领社会的主流价值观，我们不仅要在各行各业选树先进典型，更重要的是要求社会精英、政策的制定者要做表率。试想，政策的制定者不执行政策，社会精英都想着投机取巧，那么谁还追随你、效仿你，政府的公信力就荡然无存，网络意识形态的治理就朝向更糟糕的方向发展。因此，社会精英、政府官员自身必须要发挥榜样的示范引领作用。

第五，引导舆论生态的正向发展。鼓励负责任的言论表达和观点的理论互动，引导网民群体就积极健康的网络舆论环境的标准和原则达成共识。但现实社会中各种思想观念、学说和"主义"都借助互联网扩大影响，在社会上进行

---

① 郭维平.转型期我国意识形态变化与核心价值共识建构.理论导刊，2013（5）：73.
② 吴学琴.当代中国日常生活维度的意识形态研究.北京：人民出版社，2014：342 - 343.

传播。在这种背景下，迫切需要引导舆论生态的正向发展。要构建促使网络社会视域下意识形态的正向发展的多维机制，讲好中国故事，传播中国好声音。用马克思主义理论占领网络阵地。坚持用正确的政治方向和价值取向占领网络阵地，使社会主义意识形态成为社会的主流，使人们在良好的氛围接受精神的洗礼，提高思想境界。同时，健全民意反馈机制。要开辟、畅通民意反馈渠道，尽可能原汁原味向政府反映民意，缩短民众与政府之间的距离。

第六，构建网络意识形态正向发展机制。根据网络意识形态发展节点，及时疏导网络意识形态，创造条件，必要时可采取一定的行政手段，科学整合非主流意识形态，促使非主流意识形态正向发展，促使各种社会意识形态优胜劣汰，引导其正向发展。同时引导人们运用马克思主义的基本原理认识分析各种社会思潮，认清其本质。

5. 完善网上意识形态治理

（1）引导广大网民正向发声

十九大报告指出，高度重视传播手段建设和创新，提高新闻舆论传播力、引导力、影响力、公信力。当下，在网上社会存在这样一种情况，广大网民一般在网上不怎么发声或根本就不发声。在对"您会在网上对一些话题发表自己的评论"问题的调查中，32.57%的人选择"不会"，只有 2.67% 的人选择"会，很多"，大部分只是偶尔发言。这说明，大多数网民在网上是不常发言的，这就是我们通常说的"沉默的大多数"。同时，在对"当您经过思考认为自己是对的，而您对事件的认识和态度与大部分网民不一致时"，48.85% 的人选择"不表明自己的态度，不发言"，所占比例最高，代表了广大网民的真实状况。在对"当您在网上看到反动的信息时"，45.04% 的人选择了"不理睬"，所占比例最高，表达了网民对这种情况的处理意见。可见，网民在看到不一致的信息内容，甚至是反动信息时，只有少数人站出来，发表自己的态度，提醒相关部门注意，大部分都选择沉默或置之不理，这值得我们思考。

对此，一定要唤醒"沉默的大多数"，对一些有针对性的"抹黑中国""呲必中国"，丑化英雄人物、歪曲历史事实等情况，要公开站出来予以回击，政府要出台办法，鼓励和要求广大党员、领导干部、事业单位职工等都要在网上发声，而不是仅仅停留在开设网站平台、注册网号、关注微信等层面，实现以体制内带动体制外，形成强大合力，进而引导广大网民正向发声，壮大社会主义意识形态。从深层次讲，政府要培养和塑造网民群体，全面提升公民网络素养、网络公德，增强网民在网络空间的主权意识、安全意识和自律意识。

同时，要加强网络文化建设和管理，创造性地把中国特色社会主义意识形态的基本精神、核心要素、本质精髓渗透到网络文化产品之中，弘扬真善美，贬斥假恶丑，大力发展和传播健康向上的互联网文化，努力营造良好的网上生态。要加大中国传统文化的数字化力度，提高网络文化产品和服务的供给能力，立足中国实际，挖掘传统资源，努力形成一批具有中国气派、中国风格、中国特色的网络文化品牌。

（2）推进互联网治理法治化

习近平多次强调法治是治国理政的基本范式。政府要加快网络管理的法律法规制定，根据互联网发展需要，及时出台相应的法律法规，完善互联网领域的法律架构，为依法建网、依法管网奠定法律基础。要积极出台更为具体、更具可操作性和指导意义的法律法规，做到有法可依。要明确各级党委和政府相关部门职责，互联网行业主管部门与其他执法部门联合执法。要实现制度、机制、文化的统一，法治文化是社会主义法治的"灵魂"，法治文化一旦形成，就会成为支配全社会成员法治行为的强大而持久的力量，将法治精神融入我们的血液，实现由法制到法治的转变。

（3）严防国外有害意识形态的渗透

当下互联网安全是国际讨论的热点话题，其核心是意识形态的安全。正如美国提倡的新自由主义网络运动就是美国意识形态君临他国的代名词。[①] 对此，我们要加大对互联网的审查和监管力度，及时处置有害意识形态信息，严防国外有害意识形态的渗透。如西方国家传媒公司纷纷开设中文网站，大肆散布各种政治偏见，歪曲事实，延伸并扩展其"西化""分化"中国的图谋。与此同时，一些国家以人权、民族、宗教等问题为借口，在互联网上诋毁和歪曲党的路线方针，对中国的真实情况和中国主流舆论视而不见、片面报道，还有一些

---

① 王坚方. 网络文化帝国主义：价值裂变与和合思想的文化互动. 现代哲学，2001（4）：59－62.

不法分子也利用互联网发布危害国家安全和社会稳定的言论，如传播"法轮功"等邪教组织信息等。

（4）完善互联网舆情监管和应急处置体系

网络意识形态的治理必须净化互联网信息，弘扬社会正能量，使网络意识形态和社会发展相适应，促进协调发展。"不断建立和继续完善舆情信息汇集和分析机制"早在党的十六届四中全会中就写入了《中共中央关于加强党的执政能力建设的决定》。对于互联网治理，还需要根据发展的要求，构建完善的互联网舆情监管和应急处置体系。

互联网舆情监测就是要从海量、动态、交互的网络信息中及时识别、发现有价值的舆情信息。在国际社会，加强对互联网监管是共识。目前在我国互联网舆情监测、预警等是互联网信息管理部门一项常规工作。在总体思路上，需要构建"人工＋软件技术的监管体系"。在工作模式上，要明确各级互联网信息管理部门在各级党委和政府互联网舆情监测工作中的牵头抓总职责。在队伍建设上，在本地区网络安全和信息化领导小组领导下开展工作，建立互联网舆情信息监测队伍体系。在运行机制上，建立联合监测、信息共享、联动机制，重点互联网舆情监测由各级互联网信息管理部门牵头，统筹各级政府监测力量，建立各级政府互联网舆情联合监测机制，共享舆情信息。在问责和责任追究上，建立属地管理责任追究制度，对责任单位予以通报批评，造成严重后果的，追究相关人员责任；对舆情信息监测不力，造成重大影响的要予以责任倒查，追究相关人员责任。

要完善互联网舆情应急处置体系。当下社会，在种种复杂原因作用下，有些互联网舆情负效应影响巨大。对此，需要我们转变观念，提高应对处置能力，完善应急预案，真正做到"主动作为、未雨绸缪、提高能力、群策群力"。① 同时在工作中，注重处置的方式方法，柔性妥善处置网络突发事件。

（5）构建互联网治理的长效机制

互联网治理工作虽取得了骄人的成绩，但分析发现治理效果缺乏持续性，运动式整治存在，对此需要构建互联网治理的长效机制。中国早在 2014 年提出

---

① 巨乃岐，宋海龙，张备．我国突发事件网络舆情析论．东方论坛，2011（1）：121.

"多边、民主、透明"的全球互联网治理基本原则。在国内互联网治理中，毫无疑问地要强化多边中的"政府"，即"政府主导"。在长效机制建设上，"政府主导、公众参与、民主决策、高效透明"的指导原则依然适用。在保证互联网行业安全有序运行的前提下，采取更具弹性的治理方式和适度监管方式，形成政府、行业、企业和互联网用户共同参与的治理格局，全方位多层次规范互联网秩序，提高互联网管理的效率。

在具体工作中，要健全各级党委和政府互联网信息管理部门、相关单位部门、网络媒体及基层单位的研判机制，定期开展舆情研判工作，妥善处置互联网舆情。线上突发舆情增多的原因是线下实际问题没有得到有效解决，网民只好将信息发布到网上，以期在网上寻求更多人的关注，引起政府的重视，希望及时得到解决。为此，要从根本上减少线上舆情，解决好线下问题是关键。同时，政府在线下也应提供反映问题和发声的渠道，这样可有效减少网上舆情的发生。各系统、行业要高度重视网上意识形态治理，并根据互联网发展实际及部门工作情况扎实开展治理工作。

（6）构建多层次全覆盖工作格局

从战略高度重视网络意识形态治理，加强党对意识形态的领导，要建立意识形态工作领导机制，形成从中央到地方、从党政机关到互联网行业、统一管理又分级负责的领导机制。不断增强党员干部的政治意识、大局意识、核心意识、看齐意识，真学真信真懂真用马克思主义，牢牢把意识形态领导权掌握在自己手里。要培育造就一批政治思想坚定、业务精、作风正，既懂得马克思主义理论，又熟练网络信息传播技术的专门人才，形成与意识形态建设相适应的管理队伍、舆论引导队伍、技术研发队伍，为意识形态建设提供人才保证。要加强对意识形态工作者的培训，培养具有创新思维、战略思维和互联网思维，不断提升其政治理论素质、道德素质、实践素质，以适应网络社会的需要。

要加快完善全方位意识形态工作格局，增强主流意识形态的统合力。针对市场化、信息化、多元化、多样化环境下，"人们在不同社会组织中出现了不相一致甚至背道而驰的情况"。① 不仅重视党政机关、学校、大众媒体等的作用，还要重视家庭、社区、社会团体等的作用，强化各级党委和政府的领导指导以及督查督办的职责，坚持"规定要求不走样"，形成覆盖全社会各领域、互联互补、互动互通的宣传教育体系，构建全方位、立体化、多层次的意识形态工作格局。

（二）积极发挥各类传统社会组织力量优势

1. 切实发挥整合协同功能

社会组织是现代社会重要支柱，是社会共治体系不可或缺的部分。尤其是有些社会组织，具有非营利性、非政府性、志愿性、互益性和公益性等属性，使得其在社会民众中具有天然的凝聚力，让其能够较好地凝聚民心、缓冲和化解矛盾，这无形之中使其在意识形态工作中具有了其他机构无可比拟的优势。同时，社会组织具有社会服务、社会协调以及培训志愿者精神的功能。在现实生活中承担了大量的社会性公共服务和管理社会事务的职责，在维护社会公共利益方面，维护特定群体的权利和利益方面，有效弥补"政府失灵"和"市场失灵"的缺陷，进而起到协调社会各方利益的作用。

马克思指出，人的本质是一切社会关系的总和。社会组织是人们存在与活动的重要依托和载体，这决定了由社会组织形成的社会空间必然是意识形态工作的重要战场。社会组织作为现代社会的重要支柱，应依托自身优势积极参与社会治理，主动担当，以"主人翁"的精神把守意识形态的"第一道防线"，"守好一段渠"，切实起到"社会支柱"的作用，积极参与到网络意识形态的治理之中。

2. 引领践行核心价值观

党的十八大提出，积极培育和践行社会主义核心价值观。而当下网络社会新思想、新浪潮纷至沓来，新风尚、新流派风起云涌，互联网为各种社会思潮传播提供了渠道和平台，人们可以方便获取各种信息，不良社会思潮客观上对社会主义核心价值观的培育和践行产生了不容忽视的负面影响。为此，社会组

---

① 徐晔. 社会主义核心价值体系在医学大学生中的认同研究. 安徽医科大学硕士学位论文，2012.

织由于其自身特殊的属性，具有广泛的社会群众基础，应积极响应党的号召，通过多样化的方式培育和践行社会主义核心价值观，依托其广泛的群众基础持续发掘、宣传、学习先进典型，充分发挥"传帮带"作用，不断扩大先进典型的社会影响力，促使更多的群众积极行动起来，把良好道德情操体现在日常工作和生活中，使培育和践行核心价值观落细落小落实。如组织开展的寻访一批在热爱祖国、勤奋学习、科技创新、技术技能、志愿服务、热心助人、见义勇为、诚信友善、孝老爱亲、自强自立等方面表现突出、自觉树立和践行社会主义核心价值观的人物，随着在践行社会主义核心价值观活动的深入开展，一批又一批充满时代感、饱含正能量的先进个人和集体涌现出来，为全社会树立道德标杆，成为引领社会主义核心价值观建设的旗帜。

3. 主动加强行业自律

行业协会是重要的社会组织，在参与社会意识形态治理中应发挥应有的作用。十八届三中全会明确提出，要"加快实施政社分开，推进社会组织明确权责、依法自治、发挥作用"。长期以来，我国逐渐形成的"大政府、小社会"的管理模式，很大程度上遏制了社会组织在社会治理中的作用发挥。为此，在新形势下，要激发社会组织在网络意识形态治理中的作用，倡导行业治理，让那些政府不便治理、治理效果不佳的环节让给社会组织来做，真正实现建立"纵向到底、横向到边"的治理体系和机制，加快推进网络意识形态治理体系和治理能力现代化。行业协会等社会组织应树立大局意识，将自身建设发展置于党和国家事业发展大局之中，积极配合做好意识形态工作。要加强自身组织建设，不断完善内部治理机制，大力提升服务能力，着力树立公信力，提高凝聚力和领导力。在此基础上，提升行会组织的公信力和行业话语权，积极发挥其治理能力，增强其对所属行业的组织力和约束力，倡导遵纪守法、公平竞争，自觉承当社会责任。同时积极发挥监督作用，切实增强行业自律，形成和谐有序的行业发展局面。

4. 积极妥善化解社会问题

网络意识形态的有效治理要与解决社会问题结合起来。社会组织是连接政府与群众的重要桥梁。社会组织是疏通社会利益关系的调节器，在化解矛盾纠纷方面具有独特优势，在化解社会问题中具有高度灵活的反应能力，能够直接、准确地把握社会问题的症结，做到"对症下药"。社会组织根据自身的属性，可以是帮助特定社会群体表达利益诉求，比如社会组织为利益受损群体进行呼吁、维权、调解矛盾等等。各类行业协会和专业性社会组织发挥自身作用，积极化解社会问题，有效减少社会非理性行为的发生。① 同时，充分发挥社会组织的优势，协助政府解决矛盾纠纷，从而最大限度地发挥社会组织的"自我管理、化解矛盾、维护稳定、促进社会和谐"的作用，这样有助于从根本上实现网络意识形态的有效治理。

5. 大力助推社会文化繁荣发展

文化是民族的血脉，是人民的精神家园。党的十八大要求，树立高度的文化自觉和文化自信，向着建设社会主义文化强国宏伟目标阔步前进。发展社会文化事业是惠及全中国人的"文化民生"，有利于增强民族凝聚力和创造力。文化自信是"道路自信、理论自信和制度自信"的基础和前提，实现文化自信的根本之路是推动社会文化繁荣发展。社会组织不仅要发挥社会治理的作用，同时更要发挥文化功能，积极参与我国社会主义精神文明建设，共同推动社会文化繁荣发展。一方面，社会组织要注重组织机构、行业内部的文化建设，不断发展和丰富机构的文化内涵，从内部提升组织成员的文化修养和精神气质，进而扩大组织的文化影响力；另一方面，社会组织要积极配合党和国家的文化事业发展战略，积极参与文化事业建设和社会主义精神文明建设，为我国的社会文化繁荣发展"加油助力"。

(三) 鼓励支持新型网络社会组织参与治理

1. 始终与党和人民同心合力

马克思主义的基本立场是人民的立场，全心全意为人民谋利益。习近平强调："立场是人们观察、认识和处理问题的立足点。"② 新型网络社会组织作为社会新型的组织形式，其立场一定要在人民群众的立场上，与党和人民同心合力，防止被其他别有用心的人或势力利用操纵。要增强社会责任意识，积极参

---

① 张勤，钱洁. 促进社会组织参与公共危机治理的路径探析. 中国行政管理，2010 (6)：88 – 92.

② 习近平. 深入学习中国特色社会主义理论体系　努力掌握马克思主义立场观点方法. 求是，2010 (7)：17 – 24.

与到网络意识形态治理之中，积极建言献策。

同时，伴随着我国互联网的推广普及，互联网企业公司不断增多，社会利益主体呈现出多元化的局面，不同利益群体之间的矛盾与冲突日益凸显，在这种情况下，网络社会组织的出现，为互联网公司、不同利益群体与政府之间搭建了桥梁。新型网络社会组织作为沟通桥梁，应站对立场，与党和人民同心合力，引导网民有序参政，让社会民众更好地了解党和政府的政策，促进政策落地。新型网络社会组织可以为公众参与政府决策和社会管理搭建平台，收集社情民意，积极推动当下意识形态的治理。

2. 积极引领治理创新发展

网络社会组织是网络社会和互联网相关的企业和社会组织，所以说，它是网络社会中，最先接触互联网发展技术，感受互联网发展带来深刻变革，同时，一定程度上影响网络社会发展的力量。这些网络社会组织最早接触、吸收西方先进技术和文化，这里面自然也包括治理方面的手段措施。可以说，网络社会组织引领着治理的创新发展。为此，在网络意识形态治理上，要发挥这些网络社会组织引领作用。首先，各网络社会组织要积极吸收利用先进技术国家的做法，在自己单位、公司、组织等管理中充分借鉴吸收。其次，网络社会组织要通过所在党组织、当地行政管理机构，向党委和政府建言献策，改革传统、陈旧、不合时宜的治理方式，推动党委和政府网络意识形态治理变革。再次，根据自己掌握的社会资源，在社会中传播先进治理理念和思想，变革传统的管理措施，实现网络意识形态治理的创新发展。

3. 利用传播优势弘扬主旋律

不论是互联网企业，还是网络协会组织，都是网络社会中积极利用新媒体的倡导者，掌握着重要的话语权，尤其是一些大型的门户网站和微信公众平台，拥有广大受众，因此，其传播效率远远超过传统媒体。网络社会组织要通过定期或不定期地举办各种社会公益活动，培育网民的志愿服务精神，积极传递社会正能量。网络媒体公司要利用自身优势，积极传播正能量，不是为了引起眼球，制作一些标题党的新闻，而是要主动弘扬社会主旋律，把它当做一种社会责任来积极主动完成。网络社会组织应树立诚信的社会形象，通过良好的形象服务大众，借力于信息发布快捷、传播迅速的互联网，赢得社会公众的支持。

网络社会组织要加强自身组织管理，提高服务社会的能力。当下，知乎、豆瓣等是享有良好声誉、具有较大影响力的网络社区，其内部的自我协调、自我管理形成了良好的秩序，这对于网络意识形态治理具有重要意义。在这其中要重点做好网络意见领袖的工作，发挥网络意见领袖的信息掌控与扩展能力。网络意见领袖善于收集信息、挖掘信息、解读信息、分享信息，一般有深刻的见解或独到之处，为此要重视与意见领袖的沟通，发挥意见领袖的社会影响力，积极引导他们传播正能量、弘扬主旋律。

4. 发挥先进技术提高治理水平

针对网络意识形态价值性与技术性的统一，在治理上迫切需要发挥网络社会组织的技术优势。网络信息技术运用到生产生活的诸多方面，在网络意识形态治理上，要积极利用大数据、云计算等信息技术手段，开发网络舆情监测软件，分析掌握网上舆情动态、社会舆论变化，了解群众疾苦，要在第一时间掌握可能造成社会冲突的各种苗头信息，及时准确掌握意识形态动态，为意识形态的及时治理提供舆情预警。

具体讲，通过对各个领域意识形态问题的实时监控，利用大数据技术对社会信息进行实时分析，不仅对数据进行分析处理，而且对言论、图表等进行深度的技术挖掘、人工智能分析，从中可以探寻社会舆论发展演变的轨迹，及时发现网络社会潜在威胁和敏感信息，为网络意识形态治理主管部门提供及时可靠的数据信息，发出安全预警，提高网络意识形态治理的预警和应急处置能力，制定安全有效的应对策略，将意识形态安全风险消灭在萌芽之中。同时，通过对海量信息的大数据分析和处理，可以掌握公众需求，以此针对性化解社会矛盾，提高网络意识形态治理科学化水平和实效。①

5. 积极传播中华优秀文化

网络社会组织因对外接触的外来思想文化较多，可能会产生对外来文化的青睐。在思想认识上，我们要正确看待自己的中华文明，并充分认可我们的传统文化。习近平指出，中华民族创造了源远流长的中华文化，也一定能够创造出中华文化新的辉煌。网络社会组织要有这个决心和信心，并积极践行，弘扬

---

① 谢俊. 以新兴信息技术创新社会治理. 中国经济时报，2015 – 09 – 03.

社会主义先进文化，利用自身平台创造新的文化产品，满足人们的需要，同时大力传播中华优秀文明，不断丰富人民的精神世界，增强人民的精神力量。

从对外宣传上讲，网络社会组织要积极宣传中国的和平崛起。前文已涉及，当下意识形态竞争异常激烈，而焦点主要表现在文化上。意识形态从狭义的阶级意识向文化层面的扩展正是这一变化的具体体现，亨廷顿的"文明的冲突"蕴含着文化"软实力"的竞争与较量。进入21世纪后，我国对外开放力度不断加大，与其他国家的科技与文化交流更加频繁。当下，西方文明主导世界，受世界大环境的影响，社会主义意识形态受到一定遏制。在这种环境下，我们要加强社会主义文化建设，繁荣社会主义文化。对外，我们要传播好中国文化，讲好"中国故事"；要积极输出中国传统文化中极富民族特色和时代精华的部分、以中国"机遇论"和"奉献论"回击"中国威胁论"、向世界阐明中国的规范和行为，从而让世界了解中国、认可中国。①

（四）大力倡导网民自律修身

1. 不断提升网络素养

内因是决定事物变化发展的根本原因。网络素养非常重要，有时它影响到个体的抉择。作为个人如何提升网络素养，如何选择自己的价值信仰，如何评判形形色色的意识形态，如何判断社会上存在的各种社会思潮和思想观点，这些都和每个人自身的学识水平、思想认识、社会阅历、家庭背景、事业发展状况相关。基于此，网民首先要加强学习，提高学识水平。马克思主义认识论认为，世界是可知的，只有还没被认识的事物，没有不能被认识的事物。随着科学技术的发展、知识的增多，透过现象人们对越来越多的事物进行了本质的认识。所以，每个人要注重学习，尤其是网络知识的学习，提高学识水平和网络素养，这样就可能有厚实的理论基础作为支撑。

2. 着力培养审辨能力

网民要培养自身的辩证思维。受情感或情景的影响，人有时会做出错误的判断。怎样才能防止此种情况的不发生或少发生，这就需要提高辩证思维的能

---

① 戈士国. 重构中的功能叙事：意识形态概念变迁及其实践意蕴研究. 北京：人民出版社，2013：250.

力。辩证思维将从事物内在矛盾的运动、变化及各个方面的相互联系中进行考察，进而从本质上系统地、完整地、正确地认识事物。有了辩证思维，对事物的认识也会更加全面，而且是从发展的角度来看待，就可能不会为眼前的利益、诱惑所蒙蔽，对一些西方意识形态也有客观正确的认识。

要多实践，多去在实践中总结经验，把握事物发展的规律，进而提高自身洞察力。洞察力，通俗地讲，就是透过现象看本质。这是建立在对个人认知、情感、行为的动机与相互关系的透彻分析基础上，是深入研究事物或问题的能力。用弗洛伊德的话来讲，洞察力就是变无意识为有意识。有了较强的洞察力，那些具有欺骗性、鼓动性的社会思潮就能看出它们的真面目。

3. 注重提高法治意识

网民是网络意识形态的参与者、制造者、传播者。为实现网络意识形态治理由法制到法治转变，需要各主体积极参与，对于网民自身要提高法治意识。加强思想道德教育，提高自我管理、自我教育、自我监督、自我发展能力，增强法律意识，培养"守法、用法、护法"法治理念，促使自己树立底线思维，正确使用网络，文明上网，切实增强自身法制观念。同时要提高自身的思想道德素质和科学文化素质，培养自身的文化素质和互联网思维，以道德和文化的约束力，促使自觉自律。

4. 积极传播正能量

网民是网络社会的最小细胞和组成单元，是最基本的行为主体，其行为对网络社会的运行秩序、网络社会问题的产生和网络社会的发展趋势具有重要的影响。网民要网上树立底线意识，严守法律法规底线、社会主义制度底线、国家利益底线等"七条底线"，尤其是互联网意见领袖和社会知名人士，更应该注意在网上的言论。进一步讲，广大网民要有担当和责任意识，不管在网上，还是网下都要表里如一。在此基础上，积极传播正能量，传承传统美德，践行雷锋精神，营造健康、文明、和谐、敬业、友善的社会氛围。

5. 始终筑牢家国情怀

作为国家的公民，作为中华民族的后代，我们身体里流淌着华夏文明的血液，自古以来我们就有很强的家国情怀，我们有这样的基因，体现在《礼记》里"修身齐家治国平天下"的人文理想，《岳阳楼记》中"先天下之忧而忧，后天下之乐而乐"的大任担当，以及陆游"家祭无忘告乃翁"的忠贞忠诚，但市场经济下人们对物质利益的追求与日俱增，加上外来文化的影响，有些人的家国情怀减弱了。作为长辈，要传承良好家风，紧密结合培育和践行社会主义核心价值观，发扬光大中华民族传统家庭美德，促进家庭和睦。作为晚辈，要讲究孝道，尊敬、关爱、赡养老人。在此基础上，培养自己的责任和担当意识，将对家的情意深凝在对他人的大爱、对国家的担当上。有了这种对家的眷恋，对祖国的热爱，产生那种与国家民族休戚与共的情怀，任何外来思潮对国家的诋毁和中伤都不会找到传播的土壤。

第二篇 **02**

|人的解放发展|

论马克思《1844 年经济学哲学手稿》中的
人学思想及其对实现中国梦的意义

　　摘　要:《1844 年经济学哲学手稿》蕴含着"何谓'人的本质'""人何以存在"以及"人如何发展"等人学思想。马克思在如何理解人的问题上,指出要真正占有人的本质;在如何直面人的问题上,指出要彻底实现人的复归;在如何解放人的问题上,指出要积极扬弃异化劳动和私有财产。《手稿》中所蕴含的人学思想,对实现中国梦的意义在于:全面把握人的本质,是实现中国梦的价值旨归;和谐存在,是实现中国梦的根本途径;解放和发展生产力,是实现中国梦的现实基础。

　　关键词:《1844 年经济学哲学手稿》;马克思;人学思想;中国梦

　　《1844 年经济学哲学手稿》(以下简称《手稿》)是马克思思想的诞生地,其中蕴含着"何谓'人的本质'""人何以存在"以及"人如何发展"等人学思想。在如何理解人的问题上,马克思在《手稿》中指出要真正占有人的本质;在如何直面人的问题上,马克思在《手稿》中指出要彻底实现人的复归;在如何解放人的问题上,马克思在《手稿》中指出要积极扬弃异化劳动和私有财产。《手稿》中所蕴含的人学思想,对实现中国梦具有重要的启示意义。全面把握人的本质,是实现中国梦的价值旨归;和谐存在,是实现中国梦的根本途径;解放和发展生产力,是实现中国梦的现实基础。

一、《手稿》中蕴含的人学思想

　　《手稿》中所蕴含的人学思想,主要涉及三个方面的问题,即"何谓'人的本质'""人何以存在"以及"人如何发展"。马克思借助异化劳动理论,科学地解答了这三个问题,以此开启了人学思想探索的征程。

（一）何谓"人的本质"

"何谓'人的本质'"的问题,也即对"人之为人"问题的追问和反思。在对这一问题进行阐发的过程中,马克思借用了费尔巴哈有关"类""类本质"以及"类特性"的概念。他认为,人作为一种"类存在物",其自身的"类特性"在于能够自由地、有意识地活动。人之所以能够与动物相区别,就在于人具有"类本质"。"类本质"是人共同具有的特征,这一特征最通俗、最基本的表现形式,是人具有意识。动物无法将自己的本质性、将自己的"类"当做自身的对象,因而其不具有意识。费尔巴哈认为,这种意识是由知识得名而来的。人类要想获得从事科学的才能,就要生成这种意识。因此,人可以将实体依其本质特征作为自己研究的对象。人的"类本质"就是作为自然存在个体的单个人所普遍具有的东西。人的"类本质"是人本来就具有的"人性"。人本来就具有的"人性"是人的理性、爱以及意志等等。这些"人性"是人的绝对本质,是人生存的目的之所在。费尔巴哈据此将人视为"类存在物"。马克思在写作《手稿》时,其基本立场是倾向于费尔巴哈的。马克思在文中同样将人视为"类存在物"。人无论从事何种活动,都将"类"视为自身的对象。马克思的创造性在于,提出了人证明自己是"类存在物"的途径是通过劳动。没有人的劳动,人就无法认识并改造客观世界,就难以阐明自己的"类特性"。动物与自身的生命活动具有直接同一性,而人的劳动是有意识的生命活动,这种生命活动是自由的。劳动固有的属性,将人与动物区别开来。马克思通过观察还发现,无论人们从事何种劳动活动,均存在着一定的相互关系,这种相互关系相当于"类精神"。马克思在此意义上,将"人的真正的社会联系"视为"人的本质"。因此,人是一种"类存在物"。自由的、有意识的活动,是人的"类特性"。人的本质,是人的真正的社会联系。

（二）人何以存在

马克思在《手稿》中指出,黑格尔站在国民经济学的立场上,将人与自我意识相等同,将人与"非对象的存在物"相并列的论点是荒谬的。黑格尔尽管将劳动视为人的本质,但他只看到了劳动的积极作用,并未充分重视劳动的消极影响。在马克思看来，导致这一现象的根源在于，黑格尔眼中的劳动，仅仅是人们的精神劳动，而这一劳动形式具有抽象性。忽视现实的人的劳动，黑格尔就难以看到劳动所固有的局限性。现实的人的劳动，不在人的外化范围之外，抑或在外化范围之外，也是自为的生成的。在此意义上，马克思揭示了作为自然存在物的存在状态，人的存在方式具有受动性和能动性。所谓"受动性"，是指人作为对象性的自然存在物，与其他动植物一样，也要受到客观条件的限制和制约。所谓"能动性"，是指人作为有生命的自然存在物，具有生命力和自然力，这些力量能够帮助人类积极主动地认识自然和改造自然。正因为人具有"受动性"，在认识和改造客观事物的过程中，就要尊重客观事物的发展规律；也正因为人具有"能动性"，为了自身能够生活得更好，在认识和改造客观事物的过程中，就要更加地自觉和主动。作为社会存在物的存在状态，也即作为"类"存在物的存在状态，人的存在方式也应具有"类特性"，即人所从事的社会活动，应该是有意识的、自由的活动。然而，在现实生活中，人的生存状态却与此恰恰相反。人较之于动物所具有的优点，反倒成了缺点。自由自主的活动，在资本主义条件下无处可寻。人的活动，仅仅成了谋求个人生存的手段。人的类本质，已然成了异己的本质。因此，作为自然存在物的存在状态，人的存在方式具有受动性和能动性；作为社会存在物的存在状态，人的存在方式理应具有"类特性"，然而在现实中，人的"类特性"却退格成了动物般的特征。

（三）人如何发展

马克思将异化劳动视为私有财产的主体本质。在他看来，私有财产出现的原因是异化劳动，而非劳动本身。人类社会的发展，是要扬弃私有财产。而扬弃私有财产的前提，是扬弃人自身的异化劳动。无法实现人性的复归，也即无法实现异化劳动向自由的、有意识的劳动转变，就谈不上所谓的扬弃私有财产。人类社会的发展，就是一个由人向非人（也即人的异化）再向人的复归的转化过程。马克思在《手稿》中，高扬了黑格尔的辩证法。原因在于，黑格尔的辩证法为人类如何摆脱异化劳动，由异化的人向真正的人的复归指明了方向。黑格尔将人的自我产生视为一个连续发展的过程，将对象化视为外化以及对这种外化的扬弃。在这个意义上，黑格尔为人们阐明了劳动的真正本质，他将现实的、对象性的人视为自己劳动的结果。人作为类存在物，同自身所发生的关系不是虚幻、被动的，而是现实、能动的。换言之，要想成为现实的、能动的类存在物的人，不可避免地要遵循以下的路径：人充分彰显自身的类力量——这种力量的彰显只有建立在人的全部活动的基础上才有可能，唯有作为历史发展的结果才会成为现实——将凡此种种的力量视之为对象，唯有通过异化的形式才具有现实可能性。因此，人类的发展过程要经历原始状态的人到人的异化（人的异化失去了人之为人的"类特性"），再由异化的人向真正的人（人除却了异化而复归了人之为人的"类特性"）的转化。将人的异化视为一种客观的历史现象，必然会将人类社会的发展视为一种自然的历史过程。由此形成的唯物史观，将马克思主义由空想引向了科学。

二、《手稿》中蕴含的人学思想解读

在《手稿》中，马克思在如何理解人的问题上，指出要真正占有人的本质；在如何直面人的问题上，指出要彻底实现人的复归；在如何解放人的问题上，指出要积极扬弃异化劳动和私有财产。马克思因此而为人民找到一条通达梦想的现实之路。

（一）如何理解人：真正占有人的本质

真正地占有人的本质，是马克思所构想的未来理想社会的美好图景。劳动，是人之为人的本性所在。而在资本主义条件下，劳动作为人的本质力量的展示，却未使劳动者获得幸福和快乐。劳动产品作为劳动的对象化，作为人"贯注到对象中去"的生命，并未成为劳动者的享受对象，并未成为劳动者"为了能够宴乐和消化而必须事先准备好"的物质食粮和精神食粮。劳动者所感受到的自由和快乐，都是在劳动之外的。而在劳动之内，劳动者则备受压抑且怅然若失。自由的、有意识的活动，人的本质所在，是人的"类特性"。而在现实条件上，劳动者的劳动不再是"自己的意志和意识的对象"，而受制于他人的"意志和智力"的支配。真正地占有人的本质，是要使自己的劳动服务于自己的目的，而非他人的目的，使自己真正成为劳动的主体。人要真正地占有自己的本质，而这种"占有"，不同于资本主义社会中对物质财富、生产资料等其他社会资源的占有，而是以一种全面的方式，真正地占有人的本质。人在这种占有过程中，是一个完整的人，是一个现实的人，是一个能够自由自觉活动的人。劳动不应仅仅是维持人肉体生存的手段，而应成为人的感性对象性的活动。人是感性对象性的社会存在物，这需要在人的感性对象性的活动中才能够得到证明。劳动对象之所以能够纳入人的视阈，原因在于劳动对象本身就是人自身对象性本质力量的确证。认识劳动对象，就是肯定人自身的存在。人真正占有自己的本质，也是通过对象化的活动来实现的。

（二）如何直面人：彻底实现人的复归

直面人，就要彻底实现人本然的存在状态的复归。人本然的存在状态，是自由自在的活动。人类在现实生活中，需要处理两大关系：一是人与自然的关系，二是人与社会的关系。人与自然的关系，说到底就是人如何在自然中生存的问题。人类社会越发展，科技文明越进步，对自然的改造能力就越强。而与此同时，对自然的破坏力量也越大。马克思在《手稿》中，在谈及有关人与自然的关系问题上，为我们提供了一个既非人类中心主义，又非自然中心主义的观点。马克思认为，人属于自然界的一部分，因此其具有受动性。与此同时，人也具有能动性。正因为人具有能动性，所以其能够超越自然。人改造自然的前提是要尊重和保护自然，而人在尊重和保护自然的条件下所从事的改造自然的活动，是不受外在因素制约的自由自主的活动。人可以成为受动性与能动性的辩证统一体，人的"类特性"在二者融合为人的辩证统一体的过程中，也能够借以得到复归。人与社会的关系，说到底是人如何在社会中生存的问题。自由自主的活动是人的"类特性"，然而，在人们的现实生活中，异化劳动却阻碍着人的"类特性"的实现。异化劳动的规定性集中表现在四个方面，分别是：其一，劳动者——与劳动产品相异化，也就是物的异化，劳动产品本是人创造出来的，而资本、机器以及劳动产品作为"死劳动"，却在支配、控制人的"活劳动"。人生产的劳动产品越多，就越受到劳动产品的支配和控制。其二，劳动活动本身的异化，也就是人的自我异化，马克思构建自己学说体系的假设之一，是人喜欢劳动，而人所喜欢的劳动，绝不是异化了劳动。人的自我异化，使得劳动对人表现为外在的东西，这一外在的东西为人所憎恶。其三，人同自己类本质的异化，人的"类本质"，即自由自觉的活动，把劳动看作人的生活本身，而异化劳动将之变成维持生活的手段，人们在此前提下所从事的劳动，是被动的、受压抑的。其四，人与人的异化。这种异化形式是前三种异化形式的直接结果。随着交往范围的扩大，人与人之间的关系不是愈加亲密，而是愈益疏离。因此，处理好人与社会的关系，就是要消除异化劳动，复归人的"类特性"。

（三）如何解放人：积极扬弃异化劳动和私有财产

解放人，就是要积极扬弃异化劳动和私有财产。异化劳动与私有财产是互为因果关系的。马克思说："从外化劳动这一概念，……得出私有财产这一概念。"① 即异化劳动是私有财产出现的原因，私有财产是异化劳动出现的结果。私有财产因异化劳动的产生而产生，也将会随着异化劳动的消亡而消亡。马克思在提出这一观点后不久，又补充到："尽管私有财产表现为外化劳动的根据和原因，但确切地说，它是外化劳动的后果……后来，这种关系就变成相互作用的关系。"也就是说，私有财产也是异化劳动出现的原因，异化劳动也是私有财产出现的结果。异化劳动因私有财产的产生而产生，也将会随着私有财产的消灭而消灭。为此，马克思在《手稿》中用大量的篇幅批判了国民经济学将私有财产视为"无可争议的前提"的谬论。积极扬弃异化劳动和私有财产，关乎人的解放能否成为现实。而厘清异化劳动和私有财产的关系，是积极扬弃二者的前提。马克思所指称的异化劳动与私有财产是互为因果关系的，并非如有的学者所说的循环论证，而是使用了两对"异化劳动"和"私有财产"的概念。异化劳动是私有财产出现的原因，是建立在一般的"人类劳动"基础上的，人类的这种劳动所创造的财产是自我所有的。而自我所有的财产又生发出新的"异化劳动"，这种"异化劳动"就是属于他者的了。属于他者的异化劳动，最终造成了资本主义的"私人所有"。实现人的解放，消灭私有制和异化劳动，其根源在于将属于他者"私人所有"的部分"交还"给劳动者。而在物质生活资料相对匮乏、人们生活水平普遍偏低的社会条件下，人们为争夺消费品，不可避免地存在矛盾，并彼此竞争，在一定的历史时期和一定的社会条件下，这种矛盾和竞争还是异常尖锐的。这种"交还"活动是不会自发发生的，而唯有在物质生产力高度发达、人们生活水平都较高的前提下，这种"交还"才具有现实可能性。

———————————

① 马克思恩格斯选集：第1卷．北京：人民出版社，1995：50.

三、《手稿》中蕴含的人学思想对实现中国梦的重要意义

《手稿》中所蕴含的人学思想，对实现中国梦具有重要的启示意义。全面把握人的本质，是实现中国梦的价值旨归；和谐存在，是实现中国梦的根本途径；解放和发展生产力，是实现中国梦的现实基础。

（一）全面把握人的本质：实现中国梦的价值旨归

追寻中国梦，要全面把握人的本质。全面把握人的本质，不仅是一个本体论问题，更是一个价值论问题。全面把握人的本质之所以是一个本体论问题，在于它回答了"我是谁"的千古疑问；全面把握人的本质之所以是一个价值论问题，在于它回答了"向何处去"的历史难题。我们可以从人的本质所固有的必然性、精神性以及现实性等多重维度解读其对实现中国梦的重要意义。"人的必然性本质"指的是人类一切活动的前提，是生产实践，生产实践是人类社会发展的必然途径；"人的精神性本质"指的是人所从事的活动是自由自觉的；"人的现实性本质"指的是人是一切社会关系的总和。全面把握人的本质，就是要将人所固有的必然性本质、精神性本质与现实性本质视为一个辩证统一的整体。人的必然性本质为人的自由全面发展提供了契机，没有人的必然性本质，就谈不上人的精神性本质和现实性本质；人的精神性本质是人从"现实的现实"通达"真正的现实"的精神内核，它为人指明了奋斗的目标，没有人的精神性本质，人的必然性本质和现实性本质就会失去方向；人的现实性本质是发生一切社会关系的基础，没有人的现实性本质，人的必然性本质和精神性本质就会失去赖以发展的根基。认识人的必然性本质，我们就能够聚焦实现中国梦的基点。人们之所以从事生产实践活动，是由某种需要驱动的。找到需要和生产之间的契合点，有助于我们开启中国梦的大门。认识人的精神性本质，我们就能够为中国梦的实现注入强劲的精神动力。我们强调"两个文明"一起抓，而物质文明和精神文明协调发展的终极价值追求，就在于实现人的自由而全面的发展。人只有在自由全面发展的条件下，所从事的活动才是自由的。认识人的现实性本质，我们就能够妥善处理个人与社会的关系。任何时代，都没有脱离个人的社会，也没有脱离社会的个人。处理好了个人与社会的关系，也就能够处理好个人梦与中国梦的关系。个人梦的实现离不开中国梦，中国梦的实现也离

不开个人梦。人的现实性本质，为人民群众凝心聚力，实现共同梦想提供了无比广阔的空间。

（二）和谐存在：实现中国梦的根本途径

人与自然、人与社会的和谐存在，是实现中华民族伟大复兴中国梦的根本途径。人类在进入工业文明以前，与自然的矛盾和冲突尚不明显。原因在于人类认识自然和改造自然的能力还较为有限。然而，随着人类对生态环境影响力的持续加强，人与自然的矛盾和冲突越来越尖锐。盲目地追求个别利益，使得人类利用科学技术对自然环境施加的破坏性力量有增无减。长期以来，人与自然的关系呈现出片面化、直接化的发展状态。马克思指出："历史本身是自然史的即自然界生成为人这一过程的一个现实部分。"自然界的存在和发展，本然地打上了人和人类社会的烙印。人们通过实践不断地改造自然界，发展和壮大着人类社会。自然孤立、抽象的性质经过人的改造而得以弃除。同样，自然也是人类维持肉体生存和精神发展不可或缺的一部分。人们在改造自然的同时，也生成着人与人之间的社会关系。社会与自然的发展应该是和谐共存的，离开了自然的社会，是畸形的社会；而离开了社会的自然，是抽象的自然。人与自然的和谐存在，是实现中国梦的必由之路。社会与人的关系，也应是和谐共存的。人是社会中的人，社会是人的社会。没有脱离社会的人，也没有脱离人的社会。人的发展与社会的进步，是相互联系、相互促进、相互发展的。人类社会发展的最高形态，是人的自由而全面的发展；而人只有实现自由而全面的发展，人类社会才能发展到最高形态。人与社会的和谐存在，是实现中国梦的根本途径。

（三）解放和发展生产力：实现中国梦的现实基础

解放和发展生产力，是积极扬弃异化劳动和私有财产的需要，是实现中国梦的现实基础。异化劳动和私有财产，不仅阻碍着人的"类特性"的复归，更是实现中国梦的绊脚石。从生产力的角度解析异化劳动和私有财产，有助于我们早日实现中华民族伟大复兴的中国梦。异化劳动和私有财产的出场，是社会生产力发展的结果。异化劳动和私有财产一出场，就被打上了"有害的""招致灾""片面的"以及"抽象的"标签，乃是社会生产力的发展不足所致。异化劳动和私有财产是一种社会历史现象，二者不是自人类社会出现就出现的，当然也不会永远存在于人类社会之中。异化劳动和私有财产的退场，具有历史必然性，但仍离不开生产力的推动作用，而这种生产力，必须是高度发达的社会生产力。在这种高度发达社会生产力的作用下，人们不再为生活资料而争斗，不再为获取私利而角逐。人的劳动是自由自觉的，不再为生产资料的占有者所役使。到那时，属于他者"私人所有"的部分将会自觉地"交还"给劳动者，异化劳动和私有财产将会自觉退出人类历史的舞台。这种没有奴役、没有剥削、人人和睦共处、人人自由自觉活动的理想社会，就是中国人追求的中国梦。习近平同志强调："空谈误国，实干兴邦。"唯有大力解放和发展生产力，不断提高人民群众的生活水平，扬弃异化劳动和私有财产才不会是一句空话，实现没有阶级、没有压迫、人人和睦相处、美美与共的中国梦才不会是一个遥不可及的空想。

（注：此文第一作者是李净。）

马克思"现实的个人"：文本解读及现实思考

摘 要：马克思"现实的个人"的提出，源于对"抽象的人"的批判，其间经历了黑格尔"自我意识人"——费尔巴哈"感性人"——"现实的个人"的转变。"现实的个人"是感性、具体、社会以及历史的统一，其当代价值体现在：为生态文明建设提供理论支撑，为群众路线提供哲学基础，为大力发展经济提供理论确证，为"以人为本"的发展理念提供民生底蕴。

关键词："现实的个人"；"抽象的人"；现实思考

马克思"现实的个人"的提出，为揭示人的本质提供了正确的理论导向，同时其作为"唯物史观"的前提和出发点，为唯物史观的创立找到了切入口，从而促使马克思主义哲学实现了哲学史上的伟大变革。正确理解马克思关于"现实的个人"思想的形成过程与科学内涵，对当代社会发展具有重要的现实指导意义。

一、"现实的个人"的提出

作为唯物史观的前提与起点，作为人的本质的深层揭示的"现实的个人"理论是马克思长期探索的结果。以时间为线索，以马克思著作为载体，它经历了黑格尔"自我意识人"——费尔巴哈"感性人"——"现实的个人"的转变。

（一）从黑格尔"自我意识人"到费尔巴哈"感性人"

马克思在博士论文中指出，为原子偏离直线把仅仅局限于客观形式和直观形式的原子改造成为具有主观性、能动性从而具有自由的原子，原子变成了单个的自我意识的象征，所意指的是一种类似于原子的个人概念或意识性的个人概念。当时的马克思深受黑格尔哲学思想的影响，强调自我意识，认为人的本质就是自我意识。但马克思又不同意把自我意识仅仅看作一个纯粹的主观精神，把自己限制在自我意识之中。"抽象的个别性是脱离定在的自由，而不是在定在中的自由。它不能在定在之光中发亮。"① "哲学的世界化与世界的哲学化具有同一性。"他强调自我意识与现实、哲学与世界的联系。

在《黑格尔法哲学批判》中，马克思认为国家能够体现个人的社会性，原因在于其对应于个人的公共生活、市民社会能够体现人的个体性，原因在于其对应于个体的私人生活。马克思在《论犹太人问题》中，进一步深化了该理论。他强调，市民和公民所反映出的特性是不同的，市民体现的是个体性，公民体现的是社会性。体现个体性的市民具有利己性、自私性和现实性；而表征社会性的公民具有利他性、社会性和抽象性。马克思认为，人的解放的实现，需要将利他的、社会的和抽象的公民实现自身的复归，人需要从利己的、自私的和现实的个人转向公民。人需要在自己的个体劳动、社会关系以及经验生活中，成为类存在物②。也就是说，在马克思看来，人应该是市民与公民相统一的个人，是现实、具体人与抽象、普遍人的统一。

由于对国家与市民社会关系研究的推进，马克思逐渐意识到经济生活的重要性，同时也特别关注个人的存在方式问题。马克思认为，人是有意识的类存在物。"动物和自己的生命活动是直接同一的。动物不把自己同自己的生命活动区别开来。它就是自己的生命活动。人则使自己的生命活动本身变成自己意志的和自己意识的对象。他具有有意识的生命活动。"人的"生产生活就是类生活。这是产生生命的生活。一个种的整体特性、种的类特性就在于生命活动的性质，而自由的有意识的活动恰恰就是人的类特性"③。在马克思看来，人的类本质是人的自由自觉的活动，人的自由自觉的活动才是真正意义上的劳动。而异化劳动具有片面性，失去了劳动的真正价值，应该被人们所摒弃。

---

① 马克思恩格斯全集：第40卷. 北京：人民出版社，1982：232.
② 马克思恩格斯文集：第1卷. 北京：人民出版社，2009：46.
③ 马克思恩格斯全集：第2卷. 北京：人民出版社，2003：273.

马克思在《神圣家族》中对以鲍威尔为首的青年黑格尔派"思辨人"进行了批判。马克思、恩格斯揭露说："它用'自我意识'即'精神'代替现实的个体的人，并且用福音传布者一样教诲说：'精神创造众生，肉体则软弱无能'。""鲍威尔的自我意识也是提升为自我意识的实体，或作为实体的自我意识；于是，自我意识就从人的属性变成了独立的主体，这是一幅讽刺人脱离自然的形而上学的神学漫画。因此，这种自我意识的本质不是人，而是理念。"此时，马克思对其的批判仍然是从费尔巴哈的人本主义出发，"只有费尔巴哈才立足于黑格尔的观点之上而结束和批判了黑格尔的体系，因为费尔巴哈消解了形而上学的绝对精神，使之变为'以自然的为基础的现实的人'。"要强调的是，马克思对费尔巴哈"现实的人"的"肯定"是在这种意义上进行的："费尔巴哈是唯一对黑格尔辩证法采取严肃的、批判的态度的人；只有他在这个领域内做出了真正的发现，总之，他真正克服了旧哲学。"① 也就是说马克思肯定的只是费尔巴哈的唯物主义，而不是对其"现实的人"的接受。

（二）"现实的个人"对"抽象的人"的彻底清算

在《关于费尔巴哈的提纲》中，马克思首先揭示旧唯物主义与唯心主义的根本局限在于不懂得实践活动的意义。黑格尔和费尔巴哈都没有意识到，以生活资料生产为首要形式的"一切活动"是人的意识、理想、需要以及现实关系等的发生地。虽然费尔巴哈突破黑格尔"精神人"，认为"人是自然界的产物"，是自然界的一部分，而意识则是自然人的固有属性。但"费尔巴哈把宗教的本质归结于人的本质"，其所理解的人依然是撇开历史的、抽象的、孤立的个体，没有将人理解为处在一定社会关系之中具体的、历史的、实践的人。在马克思看来，人的本质不在于人的自然性，也不在于人的意识，而在于人所特有的活动方式，因此，人们具有怎样的社会关系，人们就是怎样的。"人的本质不是单个人所固有的抽象物，在其现实性上，它是一切社会关系的总和。"

马克思对"抽象的人"的彻底清算在《关于费尔巴哈的提纲》中发生，并在《德意志意识形态》中得以完成。在《德意志意识形态》中，马克思提出了

① 张允熠. 人性与境界——马克思主义与儒学关于人的本质论述的相似和相异性辨析. 蚌埠学院学报，2012（1）：96-103.

"现实的个人"来与黑格尔和费尔巴哈等的"抽象的人"相对立。作为唯物主义历史观的前提,"这是一些现实的个人,是他们的活动和他们的物质生活条件,包括他们已有的和由他们自己的活动创造出来的物质生活条件……全部人类历史的第一个前提无疑是有生命的个人的存在"。

二、"现实的个人"的内涵

马克思哲学摒弃思辨的、抽象的世界进入到现实生活世界,确立从"抽象的人"到"现实的个人"的转向。"现实的个人"比"抽象的人"包含更深刻的思想内涵。

（一）"现实的个人"是感性的人

"现实的个人"之现实体现于人是感性的人。首先,"现实的个人"是"有生命的个人的存在"。在《1844年经济学哲学手稿》中,马克思指出:"人直接地是自然存在物。……而且作为有生命的自然存在物。"在《德意志意识形态》中,马克思又指出:"第一个需要确认的事实就是这些个人的肉体组织以及由此产生的个人对其他自然的关系。""现实的个人"是有生命的感性存在,这是现实的个人得以形成和活动的自然前提和感性基础。其次,"现实的个人"必然以各种感性存在物（包括感性活动）作为自身活动的对象。"感性活动即生产才是整个现存的感性世界的基础。""个人怎样表现自己的生活,他们自己就是怎样,因而,个人是什么样的,这取决于他们进行生产的物质条件。"再次,"现实的个人"是有意识的类存在物。"一个种的整体特性和种的类特性就在于生命活动的性质,而自由的有意识的活动恰恰就是人的类特性。""通过实践创造对象世界,改造无机界,人证明自己是有意识的类存在物。"此外,"现实的个人"之感性还在于其第一个历史活动是能够生活。

（二）"现实的个人"是具体的人

"现实的个人"不是存在于人的头脑中的想象,也不是停留于概念的精神意志,"现实的个人"是具体的人。一方面,"现实的个人"是从事实践活动的人。"现实的个人"不能离开他们的活动,首先不能离开他们的物质生产实践,这是人之所以区别于动物的关键所在。"一旦人开始生产自己的生活资料的时候,这一步是由他们的肉体组织所决定的。人本身就开始把自己和动物区别开来。人们生产自己的生活资料，同时间接地生产着自己的物质生活本身。""现实的个人"是在特定社会条件和特定社会关系中进行某种实践的人。物质生产实践是感性、具体的活动，作为感性、具体活动的主体自然是具体、现实的个体存在。另一方，"现实的个人"是具有生存需要和发展需要的个体。"人们为了能够'创造历史'，必须能够生活。但是为了生活，首先需要吃喝住穿以及其他一些东西。因此第一个历史活动就是生产满足这些需要的资料，即生产物质生活本身。"生存需要是维持人的生命机体正常运转的需要。"第二个事实是，已经得到满足的第一个需要本身、满足需要的活动和已经获得的为满足需要而用的工具又引起新的需要，而这种新的需要的产生是第一个历史活动。"如果没有精神需要和精神生产，人类就会失去自我发展和自我发展的能力。"现实的个人"是具有生存需要和发展需要、物质需要和精神需要的具体个体。

（三）"现实的个人"是社会的人

"现实的个人"是社会的人，首先表现在"现实的个人"是自然存在与社会存在的统一，社会性是人与生俱来的本质属性。正如马克思所说："个人是社会存在物。因此，他的生命表现，即使不采取共同的、同其他人一起完成的生命表现这种直接形式，也是社会生活的表现和确证。""它的前提是人，但不是处在某种虚幻的离群索居和固定不变状态中的人，而是处在现实的、可以通过经验观察到的、在一定条件下进行的发展过程中的人。"马克思又指出："生命的生产，无论是通过劳动而达到的自己生命的生产，或是通过生育而达到的他人生命的生产，就立即表现为双重关系：一方面是自然关系，另一方面是社会关系。"可见，社会性是人与生俱来的本质属性，人的自然属性也要受到其社会性的制约。"自然界的人的本质只有对社会的人来说才是存在的；因为只有在社会中，自然界对人来说才是人与人联系的纽带，才是他为别人的存在和别人为他的存在，只有在社会中，人的自然的存在对他来说才是自己的人的存在，并且自然界对他来说才成为人。……首先应当避免重新把'社会'当作抽象的东西同个体对立起来。"① 其次，人们在生产过程中不可避免地产生生产交往和社会交往的需要。马克思和恩格斯认为"这种生产第一次是随着人口的增长而开

---

① 马克思恩格斯全集：第 3 卷．北京：人民出版社，1979：301.

始的。而生产本身又是以个人彼此之间的交往为前提的"。正是人类的交往特性才使社会生产活动得以顺利进行。人们"只有以一定的方式共同活动和互相交换其活动，才能进行生产。为了进行生产，人们相互之间便发生一定的联系和关系；只有在这些社会联系和社会关系的范围内，才会有他们对自然界的影响，才会有生产"。就人的本质在其现实性上来说"是一切社会关系的总和"。现实的个人为了自身的生存与发展需要，必须进行人际交往，与他人建立各种关系，在交往中确认自己，而人的本质就是这些社会关系的总和。

（四）"现实的个人"是历史的人

"现实的个人"是历史的人，可以从两个方面来理解：其一，"现实的个人"通过实践活动创造人类历史。马克思指出："全部人类历史的第一个前提无疑是有生命的个人的存在。""历史不过是追求着自己目的的人的活动而已。"人类社会的发展，是人们通过实践活动发挥历史合力的结果。说明"历史"不是别的，正是"个人"活动的演化过程。其二，"现实的个人"在历史中生成，在历史中发展。人类历史的发展具有持续性和永恒性，任何时代的人，其自身生存和发展的实现，都有赖于前人创造的历史环境。为此，今人为了后代有更好的生存和发展环境，也要为其提供良好的社会、自然以及文化条件。在人类历史上，没有脱离历史环境而存在的抽象的人。人类的主体性发展也不是相互独立、相互割裂的。马克思在《1857-1858年经济学手稿》中，见解独到地阐明了人的主体性发展的阶段论，分别为"人的依赖性"阶段、"物的依赖性"阶段、"人的独立性"阶段以及"自由个性"阶段。"人的依赖性"阶段存在于资本主义之前的社会形态，"物的依赖性"阶段存在于资本主义社会，"人的独立性"阶段存在于未来的共产主义社会。马克思关于人的主体性发展的"三阶段"论，有力证明了人是历史存在物的观点，阐明了人的主体性的发展历程，即：人的依赖性——物的依赖性——人的自由个性的历史发展。

三、"现实的个人"的现实思考

"现实的个人"理论不仅具有重要的理论意义，而且对当代社会发展也具有重大的现实价值。

（一）为生态文明建设提供理论支撑

党的十八大把推进生态文明建设放在突出地位，纳入中国特色社会主义事业的总体布局，这是我们党的又一次重大理论创新和实践深化。马克思"现实的个人"理论为生态文明建设提供了强有力的理论支撑。首先，自然界是人和人类社会的前提，人类要尊重自然、爱护自然，不要破坏自然，作为个人交往实践构成的社会也当然离不开自然界而存在。其次"现实的个人"在以自己的本质力量即生产劳动改造和利用自然界的时候，是能动性与受动性的统一。人类对自然界的能动性，体现了人类在生产劳动中能够认识、改造和利用自然界的本质力量；而人的受动性则表明，人类在自然界面前，也不能为所欲为，必然时刻依赖，并受到自然环境和自然规律的限定、支撑和制约。因此，人们在自然面前不是无能为力的，可以在尊重自然规律的前提下，开发自然，保护自然。再次，自然界是人的无机的身体，人类要与自然共同进化，协调发展。"在实践上，人的普遍性正表现在把整个自然界——首先作为人的直接的生活资料，其次作为人的生命活动的材料、对象和工具——变成人的无机的身体。自然界，就它本身是人的身体而言，是人的无机的身体。人靠自然界生活。这就是说，自然是人们为了不致死亡而必须与之不断交往的人的身体。所谓人的肉体生活和精神生活同自然界相联系，也就等于说自然同自身相联系，因为人是自然的一部分。"① 建立人——社会——自然协调发展系统是人类从必然王国走向自由王国的重要任务，是人类可持续发展的前提条件。在人与自然的关系中，随着生产力的发展，人们通过生产实践活动征服和改造自然的能力逐步提高，人类开始凌驾于自然之上。然而，人类通过实践活动作用于自然的过程，也在一定程度上给自然带来了破坏。人作为实践的主体，以自然界为感性实践对象，在发挥人的主观能动性认识和改造自然时，必须树立尊重自然、顺应自然、保护自然的生态文明理念，尊重自然规律，在契合自然规律的意义上服从自然，真正实现人与自然的永续性的和谐发展。

---

① 马克思恩格斯全集：第 42 卷．北京：人民出版社，1979：122 – 123.

（二）为群众路线提供了哲学基础

"一切为了群众，一切依靠群众，从群众中来，到群众中去"的群众路线是党的根本认识路线和工作路线。马克思"现实的个人"理论为其提供了哲学论证。首先，"现实的个人"是历史的主体，"历史不过是追求着自己目的的人的活动而已"。马克思认为，历史发展的主体既不是神，也不是绝对精神，不是人之外的形而上的东西；它也不是抽象的人，而是"现实的个人"。因此，要加强对人的主体地位的肯定，也就是要加强对群众主体地位的肯定。其次，"现实个人"是物质财富和精神财富的创造者。现实的个人第一历史活动是满足生存需要的物质资料生产实践。人类社会赖以生存和发展的物质资料和物质财富，都是由劳动者（现实的个人）即人民群众创造出来的。另一方面，现实的个人在进行物质资料生产的同时，也在进行精神生产，现实的个人是先进文化的创造主体。所以，要充分发挥人民群众的积极性、主动性和创造性，激发和实现社会发展的主体活力。再次，群众路线中的群众是现实的、具体的个人构成的群众，代表的是具体的、实实在在的人民群众中的每个成员。因此，只有从"现实的个人"出发才能真正做到"以人为本"。党才能够真正践行群众路线，才能得到人民群众真正维护和支持。

（三）为发展经济提供理论确证

邓小平指出："现代化建设的任务是多方面的……但是说到最后，还是要把经济建设当作中心。离开了经济建设这个中心，就有丧失物质基础的危险。"确立以经济建设为中心的指导思想，是我们党在重大历史转折关头的正确战略选择，也是中国特色社会主义理论的重要组成部分。马克思"现实的个人"理论为坚持以经济建设为中心，大力发展经济提供了理论确证。首先，物质资料生产是"现实的个人"的第一个历史活动。一方面，满足人的衣、食、住、行等物质生活条件需要的物质生产活动，这是人类历史存在和发展的现实基础。"人们为了能够'创造历史'，必须能够生活。但是为了生活，首先就需要吃喝住穿以及其他一些东西。因此第一个历史活动就是生产满足这些需要的资料，即生产物质生活本身。"另一方面，只有当人们满足了物质生活需求，才会追求精神生活和精神产品。而如果没有精神需要和精神生产，人类就会失去自我发展的能力。因此，必须大力发展经济，为精神生产创造良好的物质前提。其次，人的解放是一种历史活动，不能使用非现实的手段。马克思在《德意志意识形态》中指出，"现实的个人"是从事生产活动的人，"当人们还不是使自己的吃喝住穿在质和量的方面得到充分保证的时候，人们就根本不能获得解放"。"解放"不是单纯的、抽象的思维创造活动，而是一种具体的、现实的历史活动。"解放"是由历史的关系，是由工业状况、商业状况、农业状况、交往状况促成的。从"现实的个人"出发，为了满足人民群众的物质和精神需求，克服物对人的统治，消除人的异化，促进人的全面解放，就必须大力发展社会主义生产力，完善市场经济体制，推进经济建设发展。同时，我国经济社会发展还面临国内深层次矛盾逐步凸显、国际环境日益复杂等诸多挑战。

（四）为"以人为本"理念提供民生底蕴

从十六届三中全会以来，我党对"以人为本"问题进行了广泛而深刻的探讨。当前，从"现实的个人"角度重新诠释这一思想，有着重要的现实意义。"以人为本"中的"人"不是空泛的、抽象意义上的人，而是现实的、活生生的人，指的就是最广大的人民群众。要准确把握"以人为本"中"人"的内涵，有必要将其与"现实的个人"联系起来，进一步解释和说明二者的关系。"现实的个人"是相对于"抽象的个人"而提出的，它不是抽象的、脱离人的历史性和社会性，而空泛地谈论"人"。"现实的个人"是处在现实中的个人，是可以通过经验被观察到的。"现实的个人"与"以人为本"的"人"，其内涵是有差别的，然而在根本的逻辑结构上，是相互统一的①。原因在于"现实的个人"为"以人为本"的发展理念提供了民生底蕴。学界解读"以人为本"的"人"，主要是基于三个层面：从"质"的层面来看，对历史进步起推动作用的人，方才是"以人为本"的"人"；从"量"的层面来看，占社会总人口绝大多数的人，方才是"以人为本"的"人"；从"内容"的层面来看，从事物质资料生产的人，方才是"以人为本"的"人"。这些均忽视了"现实的个人"是人之为人的最基本的前提。也就是说，脱离人的历史性和社会性的"抽象的个人"，不管从哪个层面来定位，均无法成为社会变革的决定力量。只有现实

---

① 竭民光．张澎军论"以人为本"的民生底蕴．高校理论战线，2010（12）：13．

的、活生生的、具体的人"以人为本"的"人"才是真实存在的。因此，"现实的个人"实现了马克思主义历史观与世界观的统一，为"以人为本"的发展理念提供民生底蕴。

（注：此文第一作者是谢霄男。）

马克思主义物质定义的梳理与重释

摘 要：遵照马克思主义物质观的基本思想，在分析借鉴现有研究成果基础上提出，物质是标志客观实在的哲学范畴，是人的一切实践活动对象的抽象概括，它不依赖于而决定人的意识。

关键词：马克思主义；实践；物质；意识；客观实在

作为概念的物质是马克思主义哲学的基石，其重要性不言而喻。对于物质的定义，我国哲学界曾进行过长期的讨论，但最终不了了之。现实社会中，尤其是互联网上，存在一些质疑物质定义的言论。因此，笔者认为需要我们在总结梳理前期研究成果基础上进行重释。

一、前期研究成果的总结与梳理

除了恩格斯、列宁关于物质的界定外，国内学者也开展了相关方面的研究。学者庄国雄指出，对物质概念的考察应从历史观的高度出发，尤其要从人类改造自然的实践活动及其历史发展中诠释。恩格斯和列宁的定义主要从本体论和认识论视角对物质概念进行了界定，实现物质与意识的双重统一，但不能实现自然与人的双重统一，仍摆脱不了旧唯物主义的案臼。必须从实践出发，以历史观来统一本体论与认识论。他认为，物质是标志客观实在的哲学范畴，是作为实践对象的一切事物的共同特性的抽象或概括。① 学者贺祥林指出，列宁的关于物质的两个定义的局限性在于没有找到理解物质和意识的关系的基础或中

---

① 庄国雄. 实践唯物主义：从历史观的高度考察物质概念. 探索与争鸣，1990（2）.

介就是实践，对此我们根据列宁的重要思想资源重味的物质定义，将是具有实践的唯物主义意味的物质定义。他认为，物质是指不依赖于人的意识而有规律地运动着，又能被人认识与改造并满足其需要的多类型的客观存在。① 学者王南湜对于将列宁的物质概念解释成了一个与前文描述的霍尔巴赫的物质定义没有什么区别，将列宁归之于旧唯物主义之列的观点，进行了反驳，指出列宁是坚持了马克思主义的实践观点，正是基于这一马克思主义方法论原则提出了其著名的物质定义。他认为物质概念可理解为标志着客观实在的哲学范畴，是对一切在生活实践中可从感觉上直接或间接地感知的事物的共同本质的抽象。② 学者孙显元认为，把物质理解为人的感性活动，理解为实践，这样不仅确认物质的第一性和可感知性，而且还确认物质的可变换性。③

以上学者的观点，极具代表性，他们从实践的角度对物质进行界定或解读。正如列宁所说"生活、实践的观点，应该是认识论的首要的和基本的观点"。④ 实践的观点是马克思主义哲学首要的基本观点。是否把物质理解为人的实践，这是实践唯物主义物质观同形而上学唯物主义物质观的根本区别，也是同一切唯心主义物质观的根本区别，实现了唯物主义的飞跃，从而在物质观上同一切其他哲学划清了界限。毫无疑问，恩格斯、列宁是继承了马克思实践观的。但在物质的定义上，却没有体现出来，被人片面理解，甚至是指责。

二、物质概念的重释

物质是对感性客体，对实物、事物所做的抽象，马克思指出先前的唯物主义仅从客体的或者直观的形式去理解"对象、现实、感性"，如果还用感觉诠释物质就停留在原来的视野中。因此，按照马克思主义实践观，感性客体不再用感觉而是用实践来说明，物质概念也不再用感觉而应当用实践来界定。即必须从实践唯物主义出发，在人与物质世界的关系中，从主体、从人的实践方面来理解物质，从而把物质理解为人的感性活动。唯有这样才能与一切旧哲学在物

---

① 贺祥林.以实践思维方式重释列宁的物质定义及其意义.哲学研究，2007（9）.
② 王南湜.马克思主义哲学的物质概念.哲学研究，2006（9）.
③ 孙显元.实践唯物主义视野中的物质.安徽大学学报（哲学社会科学版），2001（5）.
④ 列宁选集：第2卷.北京：人民出版社，1995：103.

质观上区别开来。① 正如前文学者指出，物质应作感性活动，当做实践来诠释，才能实现物质与意识的统一、本体论与认识论的统一、抽象的物质概念与物质形态的统一，也有力地回击唯心主义的攻击和前文的质疑。如果把物质理解为人的实践，这就不仅承认了世界是可以认识的，而且承认了世界是可以改变的。

对于恩格斯和列宁的定义，笔者再次说明，在当时的历史条件下，其定义具有进步意义，尤其是在整个唯物史观的背景下，他们关于物质概念的界定是完全正确的。因为恩格斯、列宁都是实践的唯物主义者，都懂得人的实践活动。恩格斯在《反杜林论》中指出："究竟什么是思维和意识，他们是从哪里来的，那么就会发现，它们都是人脑的产物，而人本身是自然的产物，是在自己所处的环境中并且和这个环境一起发展起来的。"② 在《路德维希·费尔巴哈和德国古典哲学的终结》中指出 18 世纪的唯物主义的一个局限在于"不能把世界理解为一种过程，理解为一种处在不断的历史发展中的物质"。③ 列宁在《黑格尔 < 逻辑学 > 一书摘要》中将黑格尔辩证法的唯物主义颠倒过来。这些都表明经典作家将实践思维方式引入对物质和意识关系的考察。这也是我们以实践思维重释物质定义的重要依据。

现在我们之所以要再次重释物质定义，其意义是为了将那些融入他们理论之中，但在物质定义中没有体现，却非常重要的元素展示出来。此外，在重释中突出唯物主义观点，以与唯心主义相区别。就是由于原来的物质的定义中没有体现"实践""唯物主义思想"等元素，才使得物质的概念局限在抽象范围。而面对唯心主义者的攻击，显得束手无措。对于有较为深厚的马克思主义理论功底的人来说，能够像前文所述那样去理解经典作家关于物质的界定，但对于那些没有读过经典著作，尤其是初学者来说，而单从物质概念分析，往往不能全面正确理解物质概念，反而易受一些错误观点的影响。为此，我们有必要在解析经典作家关于物质概念的基础上对其进行重释，将重要的思想观点在物质的重释中体现出来。

---

① 孙显元. 实践唯物主义视野中的物质. 安徽大学学报（哲学社会科学版），2001（5）.
② 马克思恩格斯选集：第 3 卷. 北京：人民出版社，1995：374.
③ 马克思恩格斯选集：第 4 卷. 北京：人民出版社，1995：228.

综合前文的分析，在总结凝练前人研究成果和突出唯物主义观点基础上，笔者认为，物质是标志客观实在的哲学范畴，是人的一切实践活动对象的抽象或概括，它不依赖于却决定人的意识。

三、新的物质定义的特点

（一）继承了恩格斯、列宁关于物质定义中核心内容，体现实践观点

重释的定义继承了恩格斯、列宁关于物质概念的核心内容。恩格斯将物质界定为"实物总和的抽象或概括"，是较近代唯物主义进步之处，指出了物质形态和物质的区别。列宁进一步提出了物质唯一特性——"客观实在"，这又是重大进步。因为认识事物，只有把握其实质特点即特性，才能真正准确认知和把握。"客观"表示与主观相对，说明物质不依赖于我们的意识而存在，"实在"表示实际存在，能够通过直接或间接的方式感觉到。本文在重释物质概念时较好地继承了这些观点。

体现了马克思主义的实践观点。马克思认为要在实践中去认识物质，脱离现实的实践去定义物质将毫无意义。马克思在《关于费尔巴哈的提纲》中指出："对对象、现实、感性，要当作人的感性活动，当作实践去理解，不是从主体方面去理解。"① 马克思就是找到了现实的实践，才从根本上革新了唯物主义，实现了哲学的变革。马克思批评以前的唯物主义把"物质"理解为自然本体、把物质的本质属性等同于广延、运动等感性直观的对象的基本倾向。② 马克思认为只有在实践中、人类社会中谈论物质才有意义，才能抵御唯心论和怀疑论的挑战。在本文重释物质的定义中就体现了实践观点，将物质以实践的视角来界定，突显出其社会性和现实性。

（二）与前文学者提出的界定相比更加精炼，并突出唯物主义思想

笔者是在总结前人研究的基础上提出物质的界定，较前文学者的物质定义在表述上更加精炼。对于前文学者提出的定义，我们分析发现，有的界定中同时包含"客观实在"物质"共同特性"，有的界定中同时包含"实践""直接或

---

① 马克思恩格斯文集：第 1 卷．北京：人民出版社，1995：503.
② 赵敦华．"物质"的观念及其在马克思主义哲学中的嬗变．社会科学战线，2004（3）.

间接地感知"。笔者认为，"客观实在"就是物质的"共同特性"，"实践"中肯定含有"直接或间接地感知"，在定义概念中再次出现显得不够精练。运动虽是物质的根本属性，对于物质的定义来说，只是在重复一句正确的话而已，在界定概念时，力求言简意赅、准确表达，可有可无的内容就可以不要。"认识与改造"可用"实践"概括。学者贺祥林提出的物质定义虽有见地，从概念范围讲"物质是一定限制的客观存在"，从范畴上讲客观存在大于物质，对于此处的定义可以接受，但将列宁提出的物质"客观存在"的精辟提炼舍去，有遗憾之处。

突显唯物主义思想。原来的物质定义中"通过感觉感知的""为我们的感觉所复写、摄影、反映""为人的意识所反映"这些都体现了意识对物质的能动性，却易被唯心主义理解为"存在即被感知""物是感性的复合"的写照，得出在物质与意识的关系中意识是第一位的结论。对此，笔者舍去了认识论思维的界定，以实践论重释，并将"不依赖于人的意识而存在并且为人的意识所反映"这句话改为"不依赖于却决定人的意识"。"决定人的意识"突出了唯物主义的思想。

（三）有力地回击了唯心主义、不可知论，兼顾了物质本体论

如果仅从感觉、意识、抽象、概括层面去诠释物质，难免将物质落入抽象的概念之中。而将物质当做实践去理解，以人的感性活动去诠释，通过实践活动将物质与物质形态相联系，使物质的概念脱离了抽象的界定；同时，将人的实践活动反映到物质概念中，通过人的实践活动对现实物质形态的合理改变证明物质的可知性，彻底与旧唯物主义相区别，有力地反驳了唯心主义对于唯物主义的攻击，同时也回击各种不可知论。

在物质与意识关系上，但从认识论的层面很难将两者之间的先后顺序表达清楚，反而招致唯心主义的质疑。马克思、恩格斯在他们合著的《德意志意识形态》中指出："思想、观念、意识的生产最初是直接与人们的物质生活，与人们的物质交往，与现实生活的语言交织在一起的。人们的想象、思维、精神的交往在这里还是人们物质行动的直接产物。"[1] 马克思又在《〈政治经济学批判〉序言》中指出："物质生活的生产方式制约着整个社会生活、政治生活和精神生

---

① 马克思恩格斯选集：第 1 卷. 北京：人民出版社，1995：72.

活的过程。不是人们的意识决定人们的存在，相反，是人们的社会存在决定人们的意识。"① 从以上经典作家的表述中我们得出"物质不依赖于人的意识，并决定人的意识"的结论，这是唯物主义的核心观点。笔者认为，在界定物质概念时，有必要表明这一重要信息。在突出"客观实在""实践活动对象""抽象或概括"这些关键信息点的基础上，进一步说明物质的地位和功能——"不依赖于而决定人的意识"，这样就从根本上回击了唯心主义的质疑。

本文提出的关于物质的定义涵盖了一切物质形态。恩格斯在《反杜林论》中指出："世界的真正的统一性在于它的物质性。"② 实践活动的对象包括自然界、人类社会、人自身，甚至是太空宇宙。从涵盖的物质形态上讲，是全部包括的，兼顾了物质本体论。进一步讲，把实践引入对物质的理解，这样就把世界的物质统一性理解为一个随着人的实践的深化和主体性的发展而不断展现的动态过程。

---

① 马克思恩格斯选集：第2卷. 北京：人民出版社，1995：32.
② 马克思恩格斯选集：第3卷. 北京：人民出版社，1995：383.

习近平青年成才观的"三维"解析

摘　要：习近平运用辩证唯物主义和历史唯物主义的世界观与方法论，围绕青年"成为什么样的人才，怎样成为这样的人才"这一有关青年成才的核心问题，提出要成为理想信念坚定、明是非善决断、练就过硬本领、勇于创新创造、矢志艰苦奋斗、锤炼高尚品格的人才，并从内外因两方面提出推动青年成才的具体要求。同时，遵循青年成才规律提出了一系列具体观点，包括立志成才、全面成才、健康成才、学习成才、实践成才、创新成才、吃苦成才、立德成才、奉献成才、环境成才等思想，从而构成了青年成才观的完整的科学体系，它是青年教育、青年成才必须坚持的重要指南，也是高校育人工作的重要准则。

关键词：习近平；青年；成才观；科学体系

十八大以来，习近平高度重视青年工作，关心青年成长成才，发表了一系列重要讲话，形成了具有完整科学体系的青年成才观。它是青年教育、青年成才的重要指南。笔者拟对这一科学体系从哲学基础、鲜明主题、主要观点三个维度进行解析，意在深刻领会习近平青年成才观的理论传承、科学内涵和指导意义，牢牢抓住"立德树人"这一教育的根本任务，进一步加强青年教育，引导和促进青年科学成才、全面成才、健康成才。

一、哲学基础：辩证唯物主义和历史唯物主义

（一）习近平青年成才观建立在马克思主义哲学的世界观和方法论基础之上

习近平青年成才观的科学性的首要体现就在于其马克思主义世界观和方法论的哲学基础。马克思主义哲学既是唯物主义与辩证法的高度统一，又是自然

观与历史观的高度统一。习近平明确要求"将马克思主义基本理论作为领导干部的看家本领"。2014年5月4日,他在北京大学师生座谈会上指出:"实现我们的发展目标,实现中国梦,必须增强道路自信、理论自信、制度自信,'千磨万击还坚劲,任尔东南西北风'。"要做到理论自信,首先就要把马克思主义理论吃透,为此,中共中央政治局就历史唯物主义和辩证唯物主义的基本理论进行集体学习。中共中央政治局两次就马克思主义哲学开展集体学习,充分表明了以习近平同志为核心的党中央对学哲学、用哲学的高度重视。其青年成才观即以马克思主义哲学为指导,从根本上保证了青年成才观的科学性。

(二)习近平青年成才观坚持和应用了辩证唯物主义和历史唯物主义

2013年,中共中央政治局第十一次集体学习时安排了历史唯物主义基本原理和方法论;2015年,中共中央政治局第二十次集体学习时安排了辩证唯物主义基本原理和方法论。习近平指出,安排这两次学习,目的是"推动我们对马克思主义哲学有更全面、更完整的了解",进而"更加自觉地坚持和运用辩证唯物主义世界观和方法论,增强辩证思维、战略思维能力,努力提高解决我国改革发展基本问题的本领"。习近平关于青年成才的系列论述坚持和应用了辩证唯物主义和历史唯物主义。他说:"青年最富有朝气、最富有梦想。""青年是社会上最富活力、最具创造性的群体,理应走在创新创造前列。"这一重要论述,揭示了青年区别于其他群体的突出特点,体现了唯物辩证的思想,要求我们从实际出发和抓住事物的特征。"青年兴则国家兴,青年强则国家强。""历史和现实都告诉我们,青年一代有理想、有担当,国家就有前途,民族就有希望,实现我们的发展目标就有源源不断的强大力量。"这些论述,厘清了青年成才与国家前途的辩证关系。"青年的人生之路很长,前进途中,有平川也有高山,有缓流也有险滩,有丽日也有风雨,有喜悦也有哀伤。"平实的语言中蕴含着丰富的人生哲理。"人类社会发展的历史表明,对一个民族、一个国家来说,最持久、最深层的力量是全社会共同认可的核心价值观。""核心价值观,其实就是一种德,既是个人的德,也是一种大德,就是国家的德、社会的德。国无德不兴,人无德不立。"这体现了意识的能动反作用,强调了核心价值观对于民族、国家、社会和个人的极端重要性,丰富了"立德树人""以德治国"的重要思想。

（三）习近平青年成才观继承和发展了中国化马克思主义关于青年成才的系列重要思想

在青年成才问题上，毛泽东、邓小平、江泽民、胡锦涛等党的领导人都提出了一系列重要思想。毛泽东提出德智体全面发展思想、实践成才思想等，要求青年"到工农群众中去，把占全国人口百分之九十的工农大众，动员起来，组织起来"；邓小平提出有理想、有道德、有文化、有纪律"四有"人才培养目标；江泽民提出成为"理想远大、热爱祖国的人，追求真理、善于创新的人，德才兼备、全面发展的人，视野开阔、胸怀远大的人，知行统一、脚踏实地的人"，做到"坚持学习科学文化与加强思想修养的统一，坚持学习书本知识与投身社会实践的统一，坚持实现自身价值与服务祖国人民的统一，坚持树立远大理想与进行艰苦奋斗的统一"；胡锦涛希望同学们"把文化知识学习和思想品德修养紧密结合起来，把创新思维和社会实践紧密结合起来，把全面发展和个性发展紧密结合起来"；习近平青年成才观继承和发展了上述系列重要思想，并提出了"五个一定要"，即：广大青年一定要坚定理想信念，一定要练就过硬本领，一定要勇于创新创造，一定要矢志艰苦奋斗，一定要锤炼高尚品格。这种继承和发展遵循了事物发展的连续性，体现了青年成才观的历史传承性和与时俱进性。

二、鲜明主题：青年要"成为什么样的人才，怎样成为这样的人才"

习近平青年成才观的鲜明主题就是：青年要"成为什么样的人才，怎样成为这样的人才"。

（一）习近平青年成才观建立在青年成长成才主要矛盾基础之上

唯物辩证法要求，在解决问题时"优先解决主要矛盾和矛盾主要方面，以此带动其他矛盾的解决"。习近平指出："要承认矛盾、分析矛盾、解决矛盾，善于抓住主要矛盾、抓住关键、抓住问题所在，找准重点。"青年成才的主要矛盾决定青年成才观的重点，即：重点研究和解决的是根本问题、现实问题，而非"细枝末节"问题、伪问题。基于此，在当前形势下，青年成才的主要矛盾是青年的能力、素质不能满足社会发展对人才日益增长的需要，而其解决的出路就是抓住矛盾的主要方面，即要牢牢抓住青年"成为什么样的人才，怎样成为这样的人才"这一主线与核心。

（二）习近平青年成才观对青年"成为什么样的人才"做出了明确界定

习近平青年成才观从实现中华民族伟大复兴的战略高度，充分吸纳马克思列宁主义及中国共产党历届领袖的思想成果，并结合青年成才动机多样化的实际，科学回答了我国青年应该"成为什么样的人才"这一核心问题，具体体现在以下六个方面：

成为理想信念坚定的人才。针对现实中存在停留于票子、房子、车子等物质享受的低层次理想的情况较为突出的问题，习近平指出："理想指引人生方向，信念决定事业成败。没有理想信念，就会导致精神上'缺钙'。"其核心思想是树立"中国梦"的远大理想，坚定中国特色社会主义信念。

成为明是非、善决断的人才。学会思考、善于分析、正确抉择，做到稳重自持、从容自信、坚定自励。针对一些大学生学习目标不明确、"靠关系就业"的问题，习近平指出："是非明，方向清，路子正，人们付出的辛劳才能结出果实。"其核心思想是坚持以正确的世界观、人生观、价值观来指导自己的选择。

成为练就过硬本领的人才。针对一些青年学生"六十分万岁，多一分浪费"的"混文凭"思想，习近平强调："青年的素质和本领直接影响着实现中国梦的进程。"其核心思想是夯实基础知识，掌握基本技能，不断提高与时代发展和事业要求相适应的素质和能力。

成为勇于创新、创造的人才。针对一些"啃老族"现象，习近平指出："生活从不眷顾因循守旧、满足现状者，从不等待不思进取、坐享其成者。""创新的事业呼唤创新的人才""未来总是属于年轻人的。拥有一大批创新型青年人，是国家创新活力之所在，也是科技发展希望之所在。"其核心思想是勇于解放思想、与时俱进，敢于上下求索、开拓进取。

成为矢志艰苦奋斗的人才。针对"饭来张口、衣来伸手"的现象和"钱多事少老板好"的就业观念，习近平强调："实现我们的发展目标，需要广大青年锲而不舍、驰而不息的奋斗。"其核心思想是自强不息，埋头苦干，攻坚克难，负重自强。

成为锤炼高尚品格的人才。针对大学生中逃课、作弊等现象，习近平强调："一个没有精神力量的民族难以自立自强，一项没有文化支撑的事业难以持续长久。"其核心思想是保持积极的人生态度、良好的道德品质、健康的生活情趣。

（三）习近平青年成才观对青年"怎样成为这样的人才"提出了具体要求

习近平要求，青年要自觉"践行社会主义核心价值观""加强学习""奉献青春""保持初生牛犊不怕虎的劲头"，同时要求各级党委和政府"为广大青年成长成才、创新创造、建功立业做好服务保障工作"。习近平青年成才观从内外因及其相结合的角度提出了推动青年成才的具体要求。

从内因上强调，青年自身要树立正确的世界观、人生观、价值观；增强道路自信、理论自信、制度自信；勤奋学习、学以致用；埋头苦干，顽强拼搏，敢于攻坚克难。多经历一点摔打、挫折、考验。立足本职创新创造。从自身做起，从点滴做起，在实现中国梦的实践中创造自己的精彩人生。

从外因上强调，各级党委和政府要充分信任青年、热情关心青年、严格要求青年，为青年成才提供机会和条件。各级领导干部要关注青年愿望、帮助青年发展、支持青年创业，做青年朋友的知心人，做青年工作的热心人。广大科技工作者要肩负起培养青年科技人才的责任，甘为人梯，言传身教，慧眼识才，不断发现、培养、举荐人才，为拔尖创新人才脱颖而出铺路搭桥。教师要时刻铭记教书育人使命，甘当人梯，以人格魅力引导学生心灵，以学术造诣开启学生智慧。青年模范要用自身的成长历程、精神追求、模范行动为广大青年做出表率。

三、主要观点：相互联系、有机结合的十个方面

习近平青年成才观围绕青年"成为什么样的人才，怎样成为这样的人才"这一鲜明主题，提出了一系列相互联系、有机结合的思想观点。

（一）习近平青年成才观的主要思想观点

习近平对青年成长成才问题做出了一系列重要论述。2013 年 5 月 4 日，习近平在同各界优秀青年代表座谈时要求："广大青年要勇敢肩负起时代赋予的重任，志存高远，脚踏实地，努力在实现中华民族伟大复兴的中国梦的生动实践中放飞青春梦想。"希望广大青年"坚定理想信念、练就过硬本领、勇于创新创造、矢志艰苦奋斗、锤炼高尚品格"；2014 年 5 月 4 日，习近平在北京大学师生座谈会上要求广大青年树立和培育社会主义核心价值观，做到"勤学、修德、

明辨、笃实";2016 年 4 月 26 日,习近平在知识分子、劳动模范、青年代表座谈会上要求广大青年"践行社会主义核心价值观""加强学习""奉献青春"。这些论述包含着丰富的促进青年成才的重要观点,可以概括为十个方面:

一是立志成才观点。树立报效祖国、造福人民、实现中华民族伟大复兴的远大志向。二是全面成才观点。坚定理想信念,明是非、善决断,练就过硬本领,勇于创新创造,矢志艰苦奋斗,锤炼高尚品格。三是健康成才观点。历练宠辱不惊的心理素质,坚定百折不挠的进取意志,保持乐观向上的精神状态,追求积极健康的生活情趣。四是学习成才观点。坚持面向现代化、面向世界、面向未来,增强知识更新的紧迫感,把学习作为首要任务,作为一种责任、一种精神追求、一种生活方式,在精专和博览上下功夫,做到勤于学习、刻苦钻研、持之以恒、学以致用。五是实践成才观点。坚持深入基层、深入群众,在改革开放和社会主义现代化建设的大熔炉中,在社会的大学校里,掌握真才实学,做到知行合一。六是创新成才观点。勇于解放思想,树立科学精神,培养创新思维,挖掘创新潜能,增强自主创新能力,敢于上下求索,树立在继承前人的基础上超越前人的雄心壮志,在立足本职的创新创造中不断积累经验、取得成果。七是吃苦成才观点。不怕困难、埋头苦干,敢于攻坚克难,勇于到条件艰苦的基层、国家建设的一线、项目攻关的前沿,经受锻炼,增长才干。八是立德成才观点。坚持道德认知、道德养成、道德实践相结合,自觉树立和践行社会主义核心价值观,明大德、守公德、严私德,带头倡导良好社会风气。九是奉献成才观点。学会感恩、学会助人,积极参加志愿服务,主动承担社会责任,多做扶贫济困、扶弱助残的实事好事,以实际行动促进社会进步。十是环境成才观点。为青年驰骋思想打开更浩瀚的天空,为青年实践创新搭建更广阔的平台,为青年塑造人生提供更丰富的机会,为青年建功立业创造更有利的条件。同时,青年要把艰苦环境作为磨炼自己的机遇。

(二)习近平青年成才观的内在联系

习近平青年成才观着眼全局,涵盖广泛,科学性强,是高度、广度、深度的统一,是应然、实然的结合,是内因、外因的关联。"立志成才"解决的是为谁成才的问题,属于成才目的范畴;"全面成才、健康成才"解决的是"成为什么样的人才"的问题,属于成才目标的范畴;"学习成才、实践成才、创新成才、吃苦成才、立德成才、奉献成才"解决的是"如何成才"的问题，属于成才路径的范畴；"环境成才"解决的是成才条件机会的问题，属于成才环境的范畴。这四个方面相辅相成、相互促进，是一个有机整体，共同构成青年成才观的科学体系。这四个方面各自向纵深细化和具体化，凸显了科学体系的延展性和体系特征。在这四个方面中，成才目的是动因，成才目标是统揽，成才路径是关键，成才环境是保障。通过成才目的、成才目标、成才路径、成才环境的论述，形成了结构化的完整的科学体系。习近平青年成才观具有鲜明的时代特征和现实意义，对于指导青年成长成才具有重要价值。

互联网对政治权力的解构及民主政治建设的促进

摘 要：科技使人自由，有时也可推动民主进步。宏观上，互联网冲击着国家政治权力结构，削弱着国家政治权力的执行力，显著扩大着国家政治权力客体的参与面；微观上，互联网拥有"倒金字塔"话语权结构，可实现网民个体之间的快捷互动，出现折射式反射及向网民倾斜。这些解构从某种程度上促成了所谓的"政治解放"。

关键词：互联网；政治；权力；解构；促进

科技促进社会的发展，也使人在一定程度上摆脱国家的约束，获得进一步的自由，实现人自身的回归。互联网带来了信息产业和技术的革命，并改变着世界，它给国家政治权力带来前所未有的冲击，从宏观和微观上解构着国家政治权力。这给当下正在实施改革的中国提供了契机，我们要化挑战为机遇，结合国情，审视互联网对国家政治权力的解构内容，发挥互联网在民主政治建设中的积极作用，积极推进与经济建设相适应的民主政治建设。

一、互联网对国家政治权力的解构

互联网渗透到人们社会生活的方方面面，对社会的经济、政治、文化等产生了深刻影响。尤其需要指出的是互联网的迅速扩张对人类政治民主产生巨大的影响，正如学者刘文富在《网络政治——网络社会与国家治理》中所述"随着信息技术和互联网的发展而出现的虚拟政治将对国家主权、政治体制、政府管理和政治文化造成相互交织的重大影响"。① 目前"解构"一词在学术界、文艺界等颇受青睐,被广泛应用到哲学、文学、艺术、建筑、工业设计等领域。解构主义者主张反权威,反传统,其目标是打破现实社会的结构与秩序,反对理性崇拜,追求多元化与差异。"解构"就意味着对现实的颠覆。② 可见,"解构"有破坏、挑战、分解、冲击与影响等内涵。

政治权力是政治主体对政治客体的一种控制和支配能力,政治主体凭借自身的政治资源优势来实现这种对政治客体的控制和支配。③ 阶级社会中,人将政治权力让渡给了国家,社会发展的目的就是要让政治权力慢慢回归社会,回归人自身。而互联网的出现,从宏观和微观解构着国家政治权力,实现着政治权力的回归。

从宏观层面看,互联网冲击着国家政治权力结构,消弱国家政治权力执行力,显著扩大国家政治权力客体参与面。一是冲击国家政治权力结构。中国是在半殖民地半封建社会基础上建立起来的社会主义国家,而且在建设初期借鉴苏联中央集权的模式,使得国家政治权力结构具有中央集权、自上而下、垂直控制的官僚科层等级制特征。虽然历经不断完善,实行人民民主专政和全国人民代表大会制度,但传统的政治权力结构烙印依然存在。

互联网倾向于水平延伸,具有"扁平化"特征,有利于实现人人平等,对传统国家政治权力结构产生冲击。学者方朋钦认为,与传统民主相比,网络民主的直接后果就是导致传统权威的消解。美国计算机科学家尼葛洛庞帝指出:"只有在网络出现以后,传统的中央集权才会真正解体。"学者刘少杰指出,互联网不仅是使原有权力结构中各方力量对比关系发生了变化,而且信息权力在成长、壮大,使得传统权力结构中由此而注入了一种导致内部持续紧张、变动的新权力。而这种信息权力不仅能冲击传统的实体权力,而且还能助燃"蝴蝶效应",瞬间成倍放大。

二是消弱国家政治权力执行力。互联网作为一项技术成果,本身不具有价值属性,它以使用者的价值导向而确定。互联网在给人类带来了巨大进步的同

---

① 刘峥. "网络空间中的政府治理研究——基于我国政府网络管理与网络发展的关系视角". 西北大学硕士学位论文, 2011.

② 程曼丽. "从历史角度看新媒体对传统社会的解构". 现代传播, 2007 (6): 95.

③ 莫珂, 魏维. "浅析互联网的应用对政治权力社会化的影响". 前沿, 2011 (20): 128.

时，也产生了不容忽视的负面效应，如现在网上反动、违法、侵权、虚假、色情淫秽信息泛滥，尤其是对社会不公平现象的大量、频繁报道，给人们内心造成负面影响，因此有网友调侃"看半天微博，要看七天新闻联播才能治愈"。

人的意识具有能动作用，它能够指导人们去实践，改造客观世界。正确的意识和错误的意识会产生相反的结果。对于政府的政策、办法，如果人们内心对政府有信心，支持拥护政府工作，那么就会按照政府的规定要求，认真配合，努力完成，这样国家的政治权力就得到有效执行和落实。反之，人们如果因互联网负面信息所影响，质疑政府执政理念和目的，肯定会影响到国家政治权力的真正执行。

三是显著扩大国家政治权力客体参与面。马克思主义认为，国家的产生使政治权力的主体和客体相分离，出现了代表全社会成员共同意志的公共权力机关，而对于社会绝大多数成员而言，他们成了权力的客体。这是社会发展的必然，随着社会的发展，政治权力最终将重新完全回归社会，即权力主体和权力客体的再度合一。可见，公民参与政治的状况一定程度上折射出社会的发展进步。由于我国特殊的国情，深受封建社会苏联体制、工业化运行模式的影响，尤其是公民参政素质不高、意识不强，导致公民参政积极性不高，参政国民比例不高。

互联网的出现显著改变了这种状况。它的开放、互动、跨时空、即时性、低门槛、趣味性等特征，使其成为人们日常讨论交流的重要平台，成为影响着个人、群体乃至我们整个社会思想与行为的潜在力量。公民可通过网络参与政治，发表意见。学者方朋钦认为，网络民主具有许多明显优势，它突破了传统地理空间、信息沟通方式和获取途径的限制，使得民主能以较低的代价，即时间、金钱成本较低，而在较大范围内实现。

从微观层面看，互联网带来了"倒金字塔"话语权结构，网民个体之间的快捷互动，出现折射式反射和向网民倾斜。一是"倒金字塔"话语权结构。话语权就是说话权，即控制舆论的权力。它决定社会舆论的走向。现实社会中政府掌管着舆论媒体，作为中间层的各行各业的精英也大多听命于政府。从话语权上讲，政府有最高的话语权，呈现出政府——中间层——普通民众的金字塔式结构。而在虚拟网络社会中，信息权力的最大主体已不再是传统社会中意识形态和政治权力的掌握者，而是在人数上占绝对优势的由广大普通社会成员组成的网民群体。计算机和现代通信技术的普及应用，基本使社会成员都具备了发布信息、表达观点、参与交流和抨击时弊的条件和能力，都成为信息权力的掌握者和施行者。加之网络的开放性，任何人均可上网注册，基层民众人数众多，他们形成强大的网络话语权。而政府虽然享有一定的技术优势，但由于网络自身的开放性、平等性，使得自身的优势在虚拟网络环境中大打折扣，加之网络社会中政府工作人员又少，政府的声音常常消失在基层网民大军声音的"海洋"中。这样就形成了与传统社会不相对等的"倒金字塔"话语权结构。

二是网民个体之间的快捷互动。在互联网网状传播模式下，任何一个信息源都可以成为传播的中心从而使网络传播没有了中心，这样政府就丧失了对信息的垄断能力。网民和网民之间可以实现信息交流、共享等。和传统时代的传播相比，网络传播的一个最大不同是，使传播模式中受众之间的互动成为可能。而且这种"可能"十分方便快捷。在现实社会中，由于民众是单个的个体，在强大国家政府的影响下，个体思想易受国家政府的主导。但网络社会中，单个个体之间可进行信息交流，形成一个大的集体，大大消解了政府主导的意识形态，还以强大的集体力量反作用于政府。

三是出现折射式反射。通常情况下，排除人为因素，现实社会中政治权力依靠强有力的行政手段，可触及社会任何一个地方。在整个执行过程中，不存在政治权力的弱化。网络社会本质上是一种数字化社会关系结构，网络社会的社会结构具有中观的技术性结构特征，它不同于传统宏观和微观的社会结构。这一中观的技术性结构特征弱化了现实社会的意识形态和制度文化。[1] 当政治权力触及网络社会中，针对政府的政策、规定，网民可直接在网络发表看法，提出质疑，有一部分权力将被反射回来，只有剩余的部分权力在网络社会中起作用。

四是向网民倾斜。网络社会中，权力的天平倾向了受众的一边，而所谓意识形态的传播也许会被当成一个笑话。[2] 在网络社会中，一些商业网站、网络媒体为追求经济利益，吸引网络民众眼球，在没有弄清事件真伪之前，就早早爆料敏感事件，喜欢用一些极具诱惑、噱头的词语来报道，上传"标题党"新闻，迎合网络民众内心需要。有些网络"意见领袖""大V"、网络达人、网络

---

[1]　戚攻．"网络社会的本质：一种数字化社会关系结构"．重庆大学学报（社会科学版），2003（1）：150.

[2]　苏颖．"网络乌托邦、网络帝国与网络共和国"．研究生法学，2009（5）：1.

技术精英等与网络企业相互利用，有些网络精英本身就是网络企业工作人员，他们为追求物质利益，利用自身特殊的网络地位，与商业网站、网络媒体合作，有时甚至不惜利用造谣等非法手段，迎合网民需要，获取网民支持和关注。

二、抓住机遇，顺势而为，有序推进民主政治建设

深刻领会马克思主义的民主政治思想，认清民主政治建设的必要性。马克思在《关于现代国家的著作的计划草稿》中提到了"集权制和政治文明"。他认为，无产阶级专政只存于过渡时期。社会主义社会时期，理论上讲，不存在无产阶级专政。从社会形态发展的分析中得知，原始的民主制是原始社会的氏族或部落内部的一种议事制，而不是一种政治形式。私有制产生后，国家政治权力在奴隶社会、封建社会、资本主义社会分别以贵族制、王权、现代民主的形式出现。马克思在对政治体制的分析中，把现代国家的政治文明看作是与集权制相对立的一个范畴或一种执政权力形式。① 我们要深刻吸取"文化大革命"的沉痛教训，吸收资本主义民主政治的有益成果，建设社会主义社会的政治文明。

马克思在《论犹太人问题》中对"宗教解放""政治解放"进行了批判，提出了"把人的世界和人的关系还给人自己"的"人类解放"思想，但毋庸置疑，"政治解放"是人类社会的重大进步，正如马克思所言"任何一种解放都是把人的世界和人的关系还给自己"，当然政治解放也是"一次解放"，即马克思所说由"政治动物世界"向"民主的人类世界"的转化。此时虽然不是"自由的人"，但毕竟是人，是巨大的进步。② 中国是在"前现代化"的贫穷落后的情况下走上了社会主义道路，我们迫切的任务不是立即去实现共产主义要实现的那个"人类解放"，而是在社会主义条件下，去实现现代化以及"政治解放"。

苏联的解体深刻印证了不能"跳越"资本主义"卡夫丁峡谷"的设想。教训是深刻的，沉痛的。马克思说："一个社会即使探索到了本身运动的自然规律，它还是既不能跳过也不能用法令取消自然的发展阶段，而只能缩短和减轻分娩的痛苦。"苏联虽然创造了可以和美国相抗衡的经济实力，但它没有实现

① 戴圣鹏."政治文明与现代民主——马克思恩格斯的政治文明思想研究".学术研究，2012（10）：38.
② 杨筱刚.马克思主义："硬核"及其剥取.北京：人民出版社，2006：340，343.

"政治解放"，也更谈不上"人类解放"。邓小平早在 1986 年就指出："只搞经济体制改革，不搞政治体制改革，经济改革也搞不通。"可见，实施政治体制改革，加强民主政治建设是当下的必然选择。

稳定是前提，互联网的管理要坚持以人为本，发扬实干精神。在以互联网为抓手推动民主政治建设的过程中，稳定是不容回避的问题。互联网是社会的"晴雨表"。网上突发事件可能导致现实社会中突发事件的发生。更可怕的是，网络是没有国界的，理论上你可以浏览世界任何一个接入 Internet 国家的网络信息，而这个互动是彼此都可以实现的。这是以往任何媒体都不能达到的，它就像一个通道，实现海量信息的跨国界自由流动。互联网以一种虚拟的方式推进全球化，且这样方式具有隐蔽性和不可测性。不可否认，网络充斥着各种思想观念、负面信息，长期接触负面信息肯定会对思想观念带来不利影响。由于特殊的意识形态，国外"分化""西化"中国的图谋一刻也没有停止。随着中国的崛起，一些国家更是想方设法遏制中国，网络成为他们的重要渠道，散播不利于中国发展的负面信息，对人权等进行攻击，而背后针对的就是国家主权。

在互联网管理上，更加尊重互联网的内在本质特性，注重互联网的扁平化、去中心化、自由性特点，少生搬硬套传统社会管理模式和做法，而是结合这些本质特征，着眼长远，从制定互联网的技术规则入手，从技术源头管理互联网。现实中，对于网络的监管，不仅仅是删帖，抓一些在网上散播谣言的人，而是要力求找到背后的原因是什么，网民为什么会在网上造谣，他们的心态是怎么样的，为什么会造成这种心态。如果党的各级领导、政府官员能够发扬为民服务的实干精神，积极关注网络行为，参与网民交流互动，党和政府不仅能增强同群众的联系，自觉抵制消极腐败现象和不良风气，而且还能获得更多直接源自现实生活的新思想、新做法，有助于克服任何的挑战。

利用互联网优势，借鉴苏联解体的教训，有序推进民主政治建设。基于以上对互联网带来巨变的分析，我们得出互联网作为一种新媒体、新技术，它的推广应用对于推进民主政治建设具有里程碑的意义。网络的出现，极大地强化了大众的知情权和表达权。当代最著名的社会学家和都市研究的权威学者之一曼纽尔·卡斯特尔（Manuel Castells）指出，互联网可以变成由下而上的参与、交流、控制、影响决策的工具，具有民主化潜能。当下，公民实际上是可以运用互联网去监督政府，而非独政府监督公民。人们可通过互联网与政府工作人员互动，评价国家政治生活和政治决策，对社会政治体制、意识形态等发表评论，持续对政治权力、意识形态起作用。

卡斯特尔认为，集权必然导致国家政权、意识形态及军事力量的强大，个体的关注和创新驱动受到抑制。苏联的解体是由于其集权的思维模式和"工业主义"的发展方式不适应信息社会、网络社会的要求所致。面对网络技术、信息技术的发展，政党、国家该如何适应它，并充分利用好这些技术革命带来的成果，借鉴苏联的教训，我们要积极推进政治民主进程，加强制度建设，完善人民代表的选举办法，扩大基层民主，切实保障人民当家作主。同时，把教育作为推进民主政治的支柱，切实重视教育，提高国民素质，营造自由、和谐的社会环境。

基于异化理论的大学生网络成瘾原因及
预防模式探析

摘　要：网络成瘾是一种异化现象，它导致大学生人格封闭、迷失、分裂，价值观模糊，甚至出现对生命的践踏。异化理论为我们解决网络成瘾提供了学理支撑和对策依据。网络成瘾的根本原因是不和谐的现实社会，主要原因是人自身的弱点，直接原因是网络易获得快感和满足。基于此，可从教育、疏导、监控、制度四个维度构建一个较为完整的、操作性强的高校"四维一体"大学生网络成瘾预防模式。

关键词：异化理论；大学生；网络成瘾；预防

异化是人类产生或发明的东西，在给人类带来便利的同时却反过来支配人类。网络成瘾是一种异化的生存方式。成瘾个体既不拥有一个真实的世界，也不拥有一个真实的自我。防治大学生网络成瘾已成为高校学生教育管理中的一大难题。当今大学生网络的异化现象不容忽视，探寻大学生网络成瘾的预防策略尤为紧迫和必须。基于此背景，本文在异化理论的指导下做一尝试。

一、异化现象的表现：网络成瘾

网络带给人类的技术革新是空前的，它作用和影响于政治、经济和文化等社会生活的方方面面，而且还有进一步加深和扩大的趋势。但毋庸置疑，事物都具有两面性，网络的负面作用也在悄然出现。据中国青少年网络协会最近几年发布的中国网络青少年网瘾调查数据报告（每隔两年发布一次）显示，2007年，我国青少年年龄在 18 - 23 岁网瘾群体所占比重最高（11.39%）；2009 年，我国青少年年龄在 18 - 23 岁网瘾群体比例最高（15.6%）；2011 年，我国网络青少年网瘾的比例高达 26%，网瘾倾向比例 12%，18 - 23 岁青少年网民中网瘾比例为 26.6%，居第二位①。从调查数据分析，网瘾大学生是网瘾群体中的主体，且比例呈上升趋势。诺丁汉大学研究网络病的麦克·格里弗斯博士认为："过分迷恋上网有损身心健康，严重的会导致心理变态，其危害程度不亚于酗酒或吸毒。"② 当前，高校很多学生因沉迷网络而荒废学业甚至走上犯罪道路，网络正在吞噬一些大学生的理想、前途和未来。

大学生网络成瘾是高校和学生家长都非常棘手的问题，一旦学生上网成瘾，很多时候高校和学生家长都束手无措，教育批评已无济于事。为此，有些高校不提倡甚至不准一年级学生购买电脑。乍听有些滑稽，但看到那些大学生因网络成瘾而辍学、迷失自我的事件时有发生后，认真分析有其合理之处。由于网络成瘾，有些学生荒废了学业，人人直接交往减少、关系冷漠，导致大学生人格封闭、迷失、分裂，价值观模糊，甚至出现对生命的践踏。网络本来是科技发展的产物，是人类社会进步的体现，但却阻碍和抑制了人的发展，出现了所谓的异化现象。

二、理论分析：异化理论及网络成瘾的原因

（一）异化理论

异化是哲学的重要范畴之一，异化问题直到现在都存在。基于此，许多思想家、理论家非常重视，并积极研究异化问题，形成了系统的异化理论体系。需要着重指出的是，在马克思异化理论的基础上，西方马克思主义者从不同方位批判了异化现象并深入探讨了产生异化的根源，积极寻求摆脱异化的道路。

从哲学上讲，"'异化'是指主体在自己的发展过程中，因主体自身的活动而产生、制造出自己的对立面、事物，然而这个对立面、事物又作为一种外在

---

① 2011 年网络青少年网瘾报告发布 . （2012 - 08 - 07）. http；//d. youth，cn/shrgch/201208/t20120807 - 2337374. htm.

② 周静 . 上网谨防 "网瘾" 病 . 微电脑世界，1999（2）：54.

的、异己的力量作用反对主体自身"①。英国哲学家霍布斯最早使用了"异化"这个词。作为一个范畴，著名的哲学家卢梭、费希特、黑格尔、费尔巴哈等都曾运用它来阐述、表达自己的理论观点。黑格尔的异化理论把"绝对精神"的自我异化及其扬弃当做"绝对精神"自我创造、生成、发展的否定之否定的辩证过程来理解。费尔巴哈认为"宗教是人的本质的异化"。赫斯认为，资本主义罪恶之源就在于异化，而要消灭异化就必须消灭私有制，这在当时对马克思、恩格斯产生了重要影响。对于解决的办法，他认为，要求助于"爱"。

　　在前期研究的基础上，加上自身调研，马克思在早期的《1844 年经济学哲学手稿》著作中提出了著名的异化劳动理论。异化劳动理论是早期马克思批判资本主义社会所取得的重大理论成果。内容主要包括劳动者的劳动和他的劳动产品相异化、劳动者和他的劳动活动相异化、劳动者与他的类本质相异化、人与人关系的相异化。这是对资本主义社会劳动的深刻揭露，其根源在于私有制，以及人身占有、人身依附。在当时的社会状况下，马克思对异化现象的研究是为了批判资本主义社会。

　　在马克思研究的基础上，西方马克思主义的代表人物卢卡奇深入剖析了商品中蕴含的剥削关系，以及因这种关系而带给人们的扭曲倾向，形成了"物化理论"。他认为，生活在资本主义社会中的人由于受外界的控制而失去了主动性、创造性，从而失去了作为人的主体性，个体的人也被"物化"了，其根源在于资本主义社会生产的发展。对于解决办法，卢卡奇寄希望于人的总体性，以及发挥艺术在克服异化中具有的重要作用。

　　进入 20 世纪，异化深入到由于技术和意识形态的控制而导致人的生活的新困境。在卢卡奇之后，马尔库塞、弗洛姆、哈贝马斯、海德格尔和萨特等转向对技术的理性批判，指出发达工业社会对人性的扭曲。马尔库塞和弗洛姆吸收弗洛伊德的心理分析方法，对大工业社会下的异化作了更为细致的探讨，指出异化的普遍化和大众化。马尔库塞说，整个社会是病态的社会，由于机器地位的上升，人开始失去了社会生产中原有的中心、主导地位，完全被束缚到机器

---

① 曾庆发，商卫星. 马克思的异化理论及其意义. 武汉理工大学学报：社会科学版，2004
　　(1)：6－7.

体系中去了，也失去了自由。马尔库塞指出："在发达工业社会中，人之所以会出现对劳动现状的满足感，这是因为这种劳动为大规模的发泄爱欲与冲动提供了机会。"① 弗洛姆说："异化现象在我们现代社会的表现形式几乎是无孔不入，麻木的人们却并未发现自己的创造者的地位而将自己当做'机器人的奴隶'。"机器的推广运用，使人失去了社会生活中心的地位，人自身卑微感和无能为力感大大增强，孤独的难以忍受，使人们选择了逃离，甚至是退缩、放弃。根源在于人们内心的恐惧与孤独。对于解决的办法，弗洛姆认为最重要的是建立一个健全的社会，以及积极地以爱去工作。

从以上分析得出，异化产生的原因是当时不合理的现实社会、人性的弱点，以及技术的不可或缺性。其解决办法为，重视对社会的改良，对人性的关爱，加强人与人之间的交流，积极融入现实社会。

（二）网络成瘾的原因

基于以上异化理论的分析，我们得出以下结论：网络成瘾是一种技术异化，机器控制了人，左右了人的思想和行为，造成人格和行为的异化。网络成瘾的根本原因是不和谐的现实社会。现实社会中存在很多不和谐的地方，甚至是残酷的。目前的中国处于社会转型期，是新中国成立以来人的思想最为开放、最为活跃的时期。连续 30 多年的经济持续增长，掩盖了许多问题。经济增长一旦放缓，使一直压制的矛盾、问题如井喷般出现。就如同一辆路上奔驰的汽车，在高速行驶时靠着惯性、驾驶员的狂喜，也许没有觉察到什么问题，但汽车一旦减速或停下，可能会出现这样或那样的问题。社会矛盾的凸显，社会竞争的加剧，人的安全感、归属感、幸福感减少。各种观念、思潮交锋，主流意识形态受到冲击，价值取向多元，导致思想混乱、对错难辨，再加上党群关系、干群关系的疏远，制度的不完善，教育的脱节等，面对这样的社会现实，人们面对困难，就选择了自认为是"心灵的乐园"的网络空间。

网络成瘾的主要原因是人自身的弱点。网络作为一种技术手段，是科学技术发展的产物，本身没有价值取向。就像一支枪，掌握在好人手里可以维护和

---

① 霍学敏. 从"商品物化"到"个体异化"——西方马克思主义异化理论的逻辑和历史分析. 吉林大学硕士学位论文，2013.

平，掌握在坏人手里就可以杀人行凶。关键看使用它的主体的价值取向及生活
习惯。趋利避害是人的本性。正如弗洛姆所说，人们内心的恐惧与孤独迫使人
们选择逃离。马斯洛需求层次理论也证明这一点，而且将生理上、安全上、情
感和归属上的需求作为基本的需求。现实不能满足自身需求时，就导致了内心
的恐惧与孤独。网络虚拟社会正好能切合和满足人们在某些方面和一定程度上
的需要。即使意志力很强的人，一不注意也会在网络虚拟社会带来的满足和刺
激中慢慢消沉，最后成为网络的奴隶。青年大学生正处在价值观、人生观形成
的阶段，洞察社会、辨别是非、分析问题的能力还不强，自身存在好奇心强、
涉世不深、控制力弱等特点，在网络面前更是不堪一击。

　　网络成瘾的直接原因是网络易让人获得快感和满足。网络空间是现实社会
的延伸，而从某种意义上讲就是一个社会。现实中的一切都能在网络空间中找
到对应的存在，而且网络形成了自己特有的政治、经济和文化形式。而网络交
易、网络交流是每个网民都会参与的，人们可以真切体会到网络带来的便利和
快捷，进而把其当做生活的一部分。这是理想的状态。但现实中，人们不可能
不会遇到挫折、打击，而网络成为"疗伤""放松"的良好去处。由于网络具
有虚拟现实、互动性、感观性特点，个体通过上网可以获得情感、心理上的释
放和慰藉，在网络空间中人们可以自由选择、设计人生，可以成为国王，可以
成为战神，可以成为"高富帅"或"白富美"，可以轻松获取现实中难以得到
的快感和满足。久而久之，网络就如同空气一样，一刻也不可或缺，成为一种
人们无法操控的"异己的物质力量"，通过绝对化的快感，支配、宰制人们的意
识，从而摧残、践踏人们的生命①。

三、预防模式：教育、疏导、监控、制度"四维一体"建构

　　高校是大学生学习生活的主要场所，肩负着培养学生、教育学生的使命，
防治大学生网络成瘾是分内职责。在共产主义到来之前，完全消除异化是不可
能的，网络成瘾也是这样，只能降低异化的程度，减少受异化的数量。因此，
面对网络成瘾这个问题，我们坚持"防治结合，以预防为主"的原则，重在预

① 郗戈. 游走与沉溺："网络成瘾"的异化生存方式. 人文杂志，2010（6）：11.

防上下功夫。

目前，学界对大学生网络成瘾原因及矫治对策方面的研究也不少，但大多缺少学理支撑和可操作性。从异化理论的分析中，我们找到网络成瘾的根本原因、主要原因和直接原因，找到了问题的关键。对于现实社会，高校自身能够做的就是要教育学生了解社会、认识社会，增强社会适应性；对于人的自身弱点，高校更要教育学生提高自身的控制力和心理素质，做好"免疫"工作；对于网络的吸引力，高校一方面要教育学生认清网络，科学合理利用网络，另一方面也要利用监控和制度手段约束大学生。同时，借鉴异化理论提出的消除异化的相应对策，笔者尝试从教育、疏导、监控、制度四个维度，构建高校"四维一体"的大学生网络成瘾预防模式。

（一）强化教育，引导大学生正确认识互联网

学校教育。学校要充分发挥课堂教育主渠道作用，尤其是在思想政治理论课中安排专题或必讲内容，指导学生正确认识互联网。加强心理健康教育，开设心理健康教育课程，教给学生心理健康调试的相关技巧和知识。围绕正确合理使用互联网这一主题开展讲座、报告、交流会、榜样示范、警示教育活动等课外教育活动、党团组织生活会。创新开展网上思想教育，要在学校学生管理部门网站上设置学生科学上网、使用计算机等相关教育栏目。

社会实践教育。社会实践是大课堂，实践出真知，实践出人才。社会实践可使大学生进一步认识社会，洞察社会，锻炼能力，增长才干，提升自身的思想政治素质，增强抵御网瘾的能力。社会实践教育主要包括以下几种方式：一是组织参观考察。结合教学课程特点可组织学生参观纪念馆、烈士陵墓、博物馆，观摩法庭审判，参观监狱，深入车间工厂、生产一线等。二是开展志愿服务。结合各种节假日，广泛开展各类志愿服务活动、公益活动，以及"三下乡"志愿服务活动，使学生在参加活动的过程中，加深对科学文化的认识，培养学生的优良品质，塑造学生健全的人格。三是开展调查研究。可利用假期、周末组织学生开展专项调查研究，要求学生在活动期间撰写实践心得，实践完成后，形成调研报告。

（二）注重疏导，解决大学生心理问题

多渠道、多方式开展心理疏导。网络成瘾本质上是心理问题。要依托学校

大学生心理咨询中心开展心理咨询工作。心理咨询中心要选择一套较为科学的心理测试软件，对大学生进行心理测试。通过测试把那些有抑郁、网瘾、性格孤僻等心理问题的学生筛选出来，进行重点跟踪和心理疏导。学生培养管理单位要建立心理咨询服务站，配备专兼职的咨询老师，对大学生提出的问题及时回答，进行正面引导。充分发挥学生干部、优秀学生的作用，采取心理开导、"一帮一"等多种途径和方式对沉迷网络的大学生进行心理疏导，通过个人谈心、交流来让学生敞开心扉交流，说出内心的不快和问题，进而努力从根本上解决他们存在的问题。公布留言信箱、QQ等联系方式，多渠道掌握学生的心理状况，及时对存在心理障碍的学生进行相应辅导。

切合大学生需要，转移其注意力。社会性需要是指与人的社会生活相联系的一些需要[1]。学校要结合学生身心的特点，开展科技、文化、体育、艺术类活动，让学生有事做。一是与学生勤工助学工作结合起来。学校为家庭经济困难的学生提供勤工助学的岗位，让其在这些岗位上，开展调研及相关日常工作，锻炼和提高自身的能力，提高学生的思想政治素质。二是要结合每学年团总支学生会、学生社团等学生组织开展的相关校园文化活动，鼓励广大学生积极参加调研、演讲比赛、辩论赛、知识竞赛、文艺表演、"献爱心"、525 心理健康教育等活动，在参与这些文体活动中提高学生的综合素质。

（三）强化监控，避免大学生无节制上网

学校监控。学校要在计算机房、图书馆电子阅览室等安装游戏监控设备，管理人员通过监控设备，发现有同学长时间打游戏，要问清情况，必要时及时制止，并给予批评教育。教师是学生的引路人和指导者，教师在监控大学生沉迷网络方面具有不可替代的作用。条件允许时，教师应在班上进行点名，了解学生的真实情况，及时发现那些经常上网的同学，进行说服教育。辅导员要经常深入宿舍和教室，查看学生就寝和上课情况，做好针对性帮扶教育。

学生间监控。成立由学生自愿组成、自主管理的心理协会。协会主要开展心理卫生宣传工作，普及心理健康知识，提升学生心理保健意识。成立学生自律委员会，通过自律委员会的查寝、查操等方式，发现沉迷网络的学生，及时

---

① 梅传强 . 论犯罪心理的生成机制 . 河北法学，2004（1）：17.

报告老师。此外，发挥学生之间的监控作用，促进形成"比学赶帮超"的良好氛围。

（四）严格制度，规范大学生上网行为

严格校规校纪。学校要严格执行学生违纪处分规定、学生管理规定，严格学生作息时间，对于无故不上课、不按时作息造成不良影响的学生，要按照相关条款给予一定的纪律处分，要让学生充分认识到问题的严重性。针对学生维权意识增强的实际情况，在具体执行中，要以事实为依据，尊重学生的主体性和差异性，坚持以"治病救人"为目的。

制定《大学生使用互联网行为规范》等制度。制度一般指共同遵守的办事规程或行动准则，也指在一定历史条件下形成的法令、礼俗等规范或一定的规格，具有强制力和约束性。有了制度，就有了标准和尺度，便可有章可循。因此，在预防大学生网络成瘾这一问题上，我们可通过制定《大学生使用互联网行为规范》等规章制度，来使这项工作长效化，促进工作良好开展。在制定时，要依据教育部颁布的《普通高等学校学生管理规定》，结合学校和大学生的实际，充分调研，广泛收集、听取各方的建议和意见，并对拟定的制度进行论证、评估。

依法治国背景下中美工伤保险制度比较借鉴

摘　要： 我国在社会主义市场经济体系下推行工伤保险法律制度的时间较短，在许多方面有待改进，在健全完善我国工伤保险制度的过程中，借鉴美国在此方面的一些经验为我所用，是推进我国工伤保险制度建设的过程中值得探索的一条路径。文章基于中美比较法的视角，提出了完善我国工伤保险制度的对策。

关键词： 比较；美国；工伤保险；制度完善

党的十八届四中全会提出了全面推进依法治国重大战略部署，而建设法治国家，需要各行各业结合本行业实际不断完善健全本行业法律法规体系，进而为实现中华民族伟大复兴提供有力保障。工伤保险是全球范围内最早推行的一项社会保险制度，已成为世界上最具普遍意义、普遍价值的重要法律制度之一，完善工伤保险制度是落实依法治国的具体体现。目前，该制度的建设在国内的社保体系中还处于相对滞后的状态，工伤保险法律制度的改革还与现实经济社会发展的需要之间存在着脱节现象。美国有着全球高度完善、健全的工伤保险法律制度，它在这方面的部分先进做法能够为中国提供良好的借鉴和参考。

一、现状分析：中美工伤保险制度简述

我国工伤保险制度的建立与发展。新中国成立以来，我国政府就重视公民工伤保险问题。1951 年我国政府颁布实施了《中华人民共和国劳动保险条例》，它全面概括了当时中国以工伤保险为代表的社会保险方面的相关法规，意味着中国构建了全国统一的、最基本的工伤保险制度。该条例从新中国成立初期到

现代化建设时期切实维护了劳动者的合法正当权益，有力地促进了社会经济发展。1957 年，当时的卫生部以《劳动保险条例》为基础颁布实施了《职业病范围和职业病患者处理办法的规定》，将 14 种因职业导致的疾病列入法定职业病领域，划入到工伤保险范围内。1957 年 9 月，党的八届三中全会提出"对社会保险制度进行调整与完善"的要求，随后较大幅度地修改和完善了工伤保险制度。

从 1988 年起，我国进行工伤保险改革试点工作，当时的劳动部是负责起草社会保险制度改革的主要部门，制定了这项改革的基本框架，适度提升了丧葬费以及抚恤费等，设立了工伤保险基金，有力地加快了工伤保险制度社会化步伐。从 20 世纪 90 年代初期，我国就颁布实施了诸多工伤保险领域相关法规法律，逐渐拓展了工伤保险的覆盖领域，不断提升相关待遇，完成了从"企业保险"转变到"社会保险"的目标，为构建合理工伤保险制度提供了法制保证。

从 2004 年 1 月 1 日起，我国开始实施《工伤保险条例》，这是国内首部统一性立法，代表着中国在这方面的建设进入新时期。它显著地表现了"以人为本"的理念，大大显示了此次改革对劳动者切身利益的有效保护，为构建完备的社保法律体系提供了不可或缺的法律保障。根据《工伤保险条例》的相关要求，对企业责任进一步明确，开展举证责任倒置，也就是说，用人单位在工伤认定时对不构成工伤开展相关举证，假如用人单位举证不力、证据不足，就会形成工伤，这样能够从法律上以更大力度保护弱势群体。同时进一步明确了赔偿责任，明确在何种情况下由用人单位承担赔偿责任的问题，加大了对弱势体合法权益的保障力度；在《工伤保险条例》颁行之前，工伤由行政部门成立劳动能力鉴定委员会，此种做法有失公平，而按照《工伤保险条例》的规定，鉴定委员会中新增了用人单位代表、经办机构代表、专家人员等，规范了鉴定程序，使其更加科学合理。

美国工伤保险制度的发展与现状。美国工伤保险制度有 100 多年的发展历史。19 世纪末期，随着社会化大生产在资本主义国家的发展及先进技术在各行各业的广泛应用，美国在较短时间内成为世界工业强国，这给美国社会带来了巨大的经济繁荣和社会发展。与此同时，工伤事故更加引起人们的高度重视，其发生的范围、频率、伤害程度和影响范围、损失之大均比之前的手工业时代更为明显。1908 年，在罗斯福总统强烈要求下，联邦议会批准了《联邦雇主责任法》，成为美国第一部"劳工"赔偿法，对雇主的赔偿责任进行了明确规定。

为更好地保护因职业而致伤、致残乃至死亡的员工的切实利益，美国建立了科学合理、多方面的国家工人保障制度。该制度的构建，能够让工伤的员工获得及时赔偿，进行治疗实现顺利返回工作岗位。如果工人由于职业原因而导致死亡，按照国家工人保障法律制度的规定，其遗属能够获得相应补偿。20 世纪初期，美国国家工人保障制度虽然得以建立，但并不强制实施，企业和工人有选择是否参加保险的权利。

1917 年，美国联邦最高法院对"纽约中央地铁公司诉怀特"案做出判决，联邦最高法院认为，雇主强制为员工缴纳保费并不违反宪法的规定。自此之后，美国联邦层次和各州层次的国家工人保障制度逐步被强制实施，在历次完成《社会保障法》修订后均及时地完善工伤保险制度。美国于 1956 年修改和完善了因为工作而导致员工伤残的修改条款，美国国会还在 1984 年通过了另一部重要法案——《伤残津贴改革法案》。

从 20 世纪 80 年代后期以来，因为工伤保险的成本持续提高，美国绝大部分州都颁布了改革工伤保险制度的相关方案，目的在于借助改革降低雇主成本负担，并且确保工伤保险待遇不变，以此实现工伤保险制度保持平衡。1996 年又一次修订了工伤保险计划的整体内容，增加了向因工致残进行赔偿的力度。

今天，美国已经建成工伤保险覆盖面广、保障作用得到充分发挥的法律制度体系，是世界上许多国家效仿的典范。依据美国工伤保险法律制度，对工伤保险进行赔偿时并不追究过失责任，即便在工人有过失的情景下，依然向工人支付全额赔付金。而且，还规定对职工提供工资补贴，以此实现对因工伤残者的较高补偿，从而促使工伤残者及时返回到工作岗位上来。美国在这方面的改革非常成功，较好地拓展了工伤保险的覆盖领域，也有效降低了工伤事故率。

二、比较分析：中美两国工伤保险制度对比

借鉴的前提是比较。通过比较分析，可明显展现各自存在的差距，进而查找存在的问题。中美工伤保险法律制度的比较主要从以下几方面进行：

工伤保险组织机构比较。观察世界上其他国家工伤保险经办机构的类型，一

是国家行政机构直接负责管理，经费纳入国家财政预算，需服从行政指令；二是由国家的其他公共机构负责，具有相对独立的法律地位；三是由民营经济组织负责经办，即由市场化的私营保险公司经办工伤保险。美国部分州通过引入市场机制，由市场化的民营机构负责经办工伤保险；部分州由政府直接负责经办，私营企业无权经办工伤保险；部分州由州政府和民营机构通过竞争的方式，确定是由州政府还是民营机构经营工伤保险。美国工伤保险制度的改革，历经了许多困难和阻碍，但最终取得了很好的成效。目前美国工伤保险法律制度能够较好地对工人、雇主和保险机构各方面的利益进行调控与平衡。我国工伤保险经办机构将服务的重点放在了工伤认定、工伤赔偿方面，而工伤保险服务的内容有待扩充、延伸和细化。

工伤保险立法比较。美国在工伤保险立法的过程中，让社会改革者、劳工组织、雇主、保险公司均参与其中，调动了社会各阶层不同的利益需求及积极性，形成立法的合力，实现了不同利益需求者在利益上的"共赢"。当前，我国经济社会迅猛发展，但是相对应的工伤保险法律制度还不够完善，一个重要的原因是我国对工伤保险法律制度建设的重要性认识还不到位，没有形成推动工伤保险制度改革、立法的合力。美国工会组织在建立工伤保险制度过程中发挥了十分重要的作用，工会对工伤保险制度的实施开展切实有效的监督，并加大工伤保险重要性的宣传力度。但是，相比而言，我国各级各类工会组织在此方面的作用未能得到有效发挥。

美国通过法案的形式，逐步完善了工伤保险法律制度。但是我国工伤保险法律制度还远远落后于医疗保险、养老保险、生育保险等社会保险，许多和工伤保险制度相关的法律法规具有过渡性、应急性特点，其存在某些疏漏之处，各项规定之间缺乏衔接，甚至存在自相矛盾之处。除此之外，我国工伤保险法律法规虽然繁杂多样，却主要以各种"条例""试行办法"为主，其立法层级较低，执行力、约束力受到极大限制。2010年出台的《社会保险法》第四章中专章规定了"工伤保险"，涉及法律条文为第三十三至四十三条，但规定较为原则、笼统。2011年人社部颁行的《社会保险法实施细则》涉及工伤保险的是第九到十二条，无法满足新形势下现实的需要。

工伤保险种类比较。在美国工伤保险中雇主责任保险和社会保险并存，各州根据自身实际情况，颁布和实施了不完全相同的工伤保险制度。尽管美国各州所实行的工伤保险制度不完全相同，然而它们均规定雇主要选取某些保险形式，保证雇主切实恪守工伤保险赔偿的相关法律法规，必须要购买州保险基金或者私营商业保险公司所提供的相关保险。美国的立法明文要求，"担负着工伤风险的商业保险企业和雇主承担了政府主管部门的一些保险费"，这样商业保险企业或公司即使在破产的时候，仍可以向工伤员工或其家属赔付一定数额的赔偿金。同时，对雇主工伤赔偿责任进行强化，要求雇主在开展生产经营活动过程中注重安全问题，尽可能避免工人受伤。除此之外，多数州的雇主可通过"自保"以实现对工伤保险赔偿法的遵守，"自保"即在大型公司内部建立工伤保险赔偿基金以转嫁风险。近些年来，"自保"越来越成为美国许多大型企业实施工伤保险制度的方式。我国虽然也同时并存雇主责任保险和工伤保险，但是工伤保险的覆盖区域有限，没有做到应保尽保，不能满足形势的需要。

三、借鉴分析：我国工伤保险制度存在问题及完善

美国的工伤保险制度实施已有 100 多年的时间，目前已经建立了健全完善的工伤保险法律制度体系，成为世界上工伤保险制度最健全完善的国家之一。我国在市场经济条件下的工伤保险制度起步较晚，许多和工伤保险相关的法律制度还不够健全、不够完善，急需借鉴发达国家的经验和做法，并结合我国实际采取相应的完善措施。

在顶层设计上存在的问题及完善。在工伤保险制度顶层设计上存在一些问题。一是未能坚持"分散风险"、促成合理的理念。在目前制度下，工伤保险全部费用由企业"包下来"，而职业病患者也由企业"养起来"，此种做法由企业承担全部"劳动风险"，未能形成推进工伤保险制度改革的合力，同时也因为员工待遇不均，导致部分员工心理不平衡。二是关心弱势群体、支持弱势群体发展不够。我国现有工伤伤残待遇和死亡待遇的计算标准不尽合理，保障的力度较小、保障的待遇偏低，难以满足工伤职工的需求。三是目前尚未建立有效的工伤预防机制体系。一般情况，将工伤保险制度实施的重点局限于事后的赔偿方面，并未卓有成效地开展事故发生之前的预防工作，无法体现经济效益与社会效益相统一的原则。

基于上述情形，应明确将"分散风险"作为组织实施工伤保险法律制度的重要原则，成立工伤保险基金以实现企业风险的分散，在发生事故之后，甚至在企业倒闭的情形之下，也能够让员工得到相应的赔偿，切实保障员工的合法权益，同时也有利于企业的生存发展。依据经济社会的发展状况，及时参考物价上涨等诸多因素，适时调整工伤保险水平，切实加大保障力度。政府及其相关机构要高度重视工伤的预防问题，通过加大宣传力度、建立惩戒机制、完善保障措施等，尽力减少工伤事件的发生。

雇主责任保险存在的问题及完善。我国集体企业、国有企业的基本社会保障由国家财政提供，特别是在推行强制工伤保险之后，雇主责任保险发展的空间进一步受到挤压。我国民事法律制度还不够健全、不够完善，法制化程度的总体水平较低，对雇主责任保险的进步产生了极大限制。许多雇主缺乏保险意识、法律意识，心存侥幸，而许多员工，尤其是农民工的法制素质普遍不高，不懂得如何通过法律途径维护自身合法的保险权益。保险公司风险概率的测算方法不科学、不合理，费率高却保障水平较低，雇主不敢、不愿承保。此外，我国大型企业设置"自保"的企业较少，更不用说中小型企业，这不利于保障水平的提升。

为此，要完善雇主责任保险法律制度。当前我国的《劳动法》是雇主责任保险的依据，针对我国实际，应通过立法明确雇主责任，将目前雇主的合同责任上升到法律责任。切实加强对雇主和劳动者的宣传教育，提升雇主和劳动者的保险意识、法制意识，通过完善雇主责任保险以有效地促进工伤保险的发展。在雇主侵害劳动者相关社保权利时，工会组织或者其他社会组织要积极通过法律途径维权。鼓励大中型企业推行"自保"，在企业内部构建工伤风险共担机制，企业和员工分别每年缴纳一定比例的工伤保险基金，这样，员工在工伤时可按照规定予以赔偿。

监督制约体系存在的问题及完善。工伤保险事业的发展不仅能够分担企业和员工的风险问题，而且事关和谐社会建设，健全完善的工伤保险制度是市场经济的"安全网"、社会的"稳定器"。我国当前工伤保险法律制度虽然逐步得到发展，但同先进国家的工伤保险法律制度之间还存在较大差距。虽然将工伤保险纳入强制保险的范畴，规定各用人单位一律必须为员工缴纳工伤保险，但是监督制约力度显然不足，企业违反法律规定时受到的惩戒明显过轻，在政策的落实上出现大打折扣的现象，这不利于工伤保险事业的健康发展，不利于工伤保险功能作用的有效发挥。

对此，必须切实加快工伤保险法制建设，提高工伤保险法律的立法层次，在借鉴吸收《工伤保险条例》实施经验教训的基础上，由全国人大或者全国人大常委会制定出台《工伤保险法》。或者，对《社会保险法》《社会保险法实施细则》的规定予以丰富完善，提高这些法律中涉及工伤保险的可操作性。要切实加强对企业执行工伤保险法律制度的监督制约，对企业违反相关法律规定不缴纳或者采取其他措施变相规避缴纳工伤保险金义务的，加大惩戒措施，造成严重后果的，予以吊销营业执照并承担相应民事法律责任，构成犯罪的追究刑事责任，切实让用人单位自觉重视员工的工伤保险问题，不敢乱做，打"擦边球"，更不敢不做。此外，切实强化劳动和社会保障部门、工会、社会组织、广大人民群众等的监督制约，畅通和拓展监督渠道，增强监督合力。

结论。依法治国、加强法治化建设是时代所需，是实现中华民族伟大复兴中国梦的必然选择。借鉴吸收发达国家的先进经验做法是改革开放的应然之举。基于此，文章在综述中美两国工伤保险制度现状，对比分析美国先进做法的基础上，从顶层设计、雇主责任保险、监督制约体系三个具有重要借鉴意义的方面指出存在的问题及完善对策。

中国特色新型智库建设的关键：机构、人才和网络资源的整合

摘　要：中国特色新型智库建设的关键是整合现有资源，在智库机构整合上，设计整合准入评价指标，构建整合准入机制；在人才资源整合上，设计遴选标准，构建专家遴选机制；在网络资源整合上，利用计算机及互联网技术，搭建智库联盟网络平台。

关键词：新型智库；机构；人才；网络

2013 年，十八届三中全会提出："加强中国特色新型智库建设，建立健全决策咨询制度。"建设中国特色新型智库是加强社会主义民主政治制度建设，推进协商民主广泛多层制度化发展而做出了重要部署。而分析目前中国智库现状，急需提档升级，整合现有的智库机构、人才和网络资源。

一、智库机构整合：构建整合准入机制

真实掌握现有的智库现状是开展中国特色新型智库建设的前提。对于目前我国拥有的智库情况。国务院参事室刘燕华指出，中国现有 2500 多个智库。学者王绍光、樊鹏所著的《中国式共识型决策："开门"与"磨合"》指出："截至 2009 年，中国约有 2500 家大大小小的政策研究机构或智库，总共拥有 35000 名左右的政策研究人员。"① 据科技部办公厅对我国软科学研究机构的统计数据

---

① 中国"智库"知多少？一个被低估的群体 . http://news. xinhuanet. com/book/2013 - 11/08/c_ 125671607. htm.

"截至 2010 年，我国智库的数量大概是 2408 家"。① 三组数据对比分析可知，中国现有智库 2500 家左右。而据《2012 年全球智库报告》显示，2012 年世界智库总数 6600 多家，中国大陆的智库总数为 429 家。② 《2013 年全球智库报告》显示，中国智库以 426 家位居"榜眼"。③ 从国外数据看，仅有 400 多家。从国内外数据对比分析可知，由于统计标准不同，数据差距较大。上海社会科学院智库研究中心发布的《2013 年中国智库报告》指出，在党政军智库、社会科学院和民间智库中有 200 余家活跃智库。

从以上的数据对比分析可知，我国存在一定数量的智库，但量多、运作和实际效用较低。导致国外统计时只有我国自身统计的六分之一，而我国研究中心公布的数据中活跃的智库也只有 200 多家。可见，我国智库总体量多但不精，存在单打独斗、个体作用发挥较弱、运作效用低等情况，不适应中国经济社会发展需要，亟待解决。

解决的办法就是构建整合准入机制。将现有的智库进行整合，根据运行状况、作用发挥情况进行评估，具体形式包括取消、合并、资助等。就目前国内统计的 2500 家为基准，通过整合准入降低到 1200 家，将有效满足我国经济社会发展需求，显著改观目前活跃智库缺少的状况。在整合准入评估标准上，借鉴国内外智库评估做法。《2013 年全球智库报告》是宾夕法尼亚大学智库与公民社会计划（TTCSP）持续努力第七年的标志性成果，在国际上具有一定的代表性，《2013 年全球智库报告》的智库排名评估标准主要包括智库领导层的素质和投入、智库研究员的素质和知名度、研究和分析产品的质量和声望、招聘和留住精英学者和分析员的能力、学术贡献和声望、出版物的质量和获取途径、智库研究和项目对决策层及其他政策参与方的影响、在决策层的声望、切实履行进行独立研究和分析的承诺、与关键机构沟通的渠道、号召关键政策参与方的能力、与其他智库和政策参与方发展高效网络和伙伴关系的能力、智库总贡献量、研究政策建议和其他产品的使用情况、媒体声望、资金的水平种类和稳

---

① 胡锐军，宝成关 . 中国特色新型智库建设 . 人民论坛，2013（36）.
② 乔宗淮等 . 中国特色新型智库如何建 . 光明日报，2014（11）.
③ 报告称中国智库数量排世界第 2 面临最好发展机遇 . http：//world. huanqiu. com/regions/2014－02/4834063. html.

定性、有效的管理、资金及人力资源的调配、能够成功挑战决策者的传统思维并提出创新的政策思路和项目、社会影响力等。对于智库影响力的评估，《2013年全球智库报告》将考量资源指标、使用率指标、产出指标、影响力指标，以及非政府组织（NGOs）、政府和决策层官员的意见。

在国内，有代表性的成果是由上海社科院智库研究中心发布的《2013年中国智库报告——影响力排名与政策建议》，在报告中对智库进行筛选。第一，智库是一种稳定的社会组织，而非某些个人；第二，智库主要业务内容是政策研究，或者是以学术研究为支撑的决策咨询研究，而不是纯学术研究；第三，智库以影响政府决策为首要目标；第四，智库以独立性和专业特色开拓属于自己的生存空间。智库影响力评价的标准包括智库成长与营销能力、决策咨询影响力、学术影响力、公众影响力。

对比以上国内外关于智库及智库排名标准分析，结合中国实际，笔者认为，中国特色新型智库建设的整合准入评价指标，如表1所示，应从智库的机构运行、成员素质、学术能力、咨政服务、社会影响五个方面进行构建。依据此评价指标，对现有智库进行评估，根据评估结果，对其进行资助、合并、撤销等。

表1　中国特色新型智库建设的整合准入评价指标

评价方面	具体指标
机构运行	智库成立时间与存续时期长短 有效管理资金、人力等有关组织运行的规章制度 智库的研究经费投入 与有关机构沟通的渠道
成员素质	智库领导层的素质和投入 智库研究员的素质和知名度 雇员撰写研究报告和深度分析的能力 能否成功挑战决策者的传统思维，并提出创新的政策思路和项目
学术能力	组织会议、研讨会和汇报会情况 智库成员参加国内外学术会议的数量及层次 在国内外核心期刊发表、转载论文数量 公开出版学术专著、会议论文集等出版物情况 公开出版连续型报告情况

续表

评价方面	具体指标
咨政服务	智库成果荣获领导批示次数及层次 智库专家参与政府决策咨询的次数和层次 智库接受完成政府委托的工作任务情况 智库专家应邀给决策者授课的次数及层次 建议能够被决策层和民间社会组织考虑或采纳情况 智库成员在政党等政府机构任现职或曾任职情况、获奖情况
社会影响	智库网站高效维护，有较大访问量 研究、政策建议和其他产品的传播、使用情况 在媒体露面、参加访谈和评论的数量 学术期刊、公共证词和其他媒体对智库产品的引用和发表情况 成功挑战传统思维和标准 智库信息对公众的有用性，直接转化为社会价值情况

二、人才资源整合：构建专家遴选机制

培养和造就一批德才兼备的专业人才和管理人才是中国特色新型智库建设的关键。对机构整合基础上，也要对人才资源进行整合。智库整合后，并不是保留下来智库的所有人员都作为整合后智库的工作人员，也不是撤销智库中的所有人才，进行分流转型从事其他行业，而是对所有智库中的工作人员进行评价，构建智库专家遴选机制，把那些德才兼备，具有较强咨政服务经验的人才留下来，同时吸收选拔新的专家学者。专家遴选机制在整体构建上坚持专兼结合、层级性原则，提出具体的遴选条件。其中层级性原则是指要依据智库的级别构建不同的专家遴选机制。在不同类型的智库专家的遴选工作中，对遴选条件做适当调整。

在专家遴选上，国务院发展研究中心主任、研究员李伟倡导，研究人员要"具备高度的责任感、使命感和荣誉感，以及优良的精神品质"；秉持"'唯实求真、守正出新'的政策研究价值观，坚持实事求是的精神"；树立良好的思想作风，培养独立思考、勇于创新的品质。并尽可能吸收政府官员、企业高管、

著名专家、社会名流担任顾问或课题组成员。① 教育部出台的《中国特色新型高校智库建设推进计划》中指出，实施高端智库人才计划。遴选确定具有"立场坚定、理论深厚、视野开阔、熟悉情况、掌握政策、联系实际等素质的 200 多名高校专家"。从要求上看两者的标准都较为定性，在具体遴选时要坚持定性与定量相结合，以便利于操作。综合两者要求，笔者认为可从思想素质、业务能力、咨政服务上设计遴选标准进行整合。

思想素质，即立场坚定，具备高度的责任感、使命感和荣誉感，以及优良的精神品质；秉持"唯实求真、守正出新"的政策研究价值观，具有科学严谨、客观务实的作风。在业务能力上，理论功底深厚，视野开阔、熟悉情况，掌握政策并能联系实际，具体表现在成果获领导批示次数及层次，参加国内外学术会议的数量及层次，在国内外核心期刊发表、转载论文数量，公开出版学术专著等出版物情况。在咨政服务上，包括受邀给决策者授课的次数及层次，建议能够被决策层和民间社会组织考虑或采纳情况，接受完成政府委托的工作任务情况，参与政府决策咨询的次数和层次，在政党等政府机构兼职情况、获奖情况。此外，智库专家队伍要结构合理。在年龄上要老、中、青相结合，在学科背景上要做到学科优势互补。有条件鼓励聘请国外知名专家学者。

三、网络资源整合：搭建智库联盟网络平台

2012 年 7 月 27 日，武汉首个"智库联盟"正式成立，单位由武汉市政府参事室、武汉大学湖北发展问题研究中心、华中科技大学公共管理学院、省产学研合作促进会、市企业家协会、长江网六家单位组成，并建立自己网络平台。但浏览其网站发现，信息更新较迟缓，平台运转效果有待改进。目前，国内各重要智库也有自己的网络平台，如国务院发展研究中心、中国科学院、中国社会科学院、中国国际问题研究所、中国现代国际关系研究院、北大国家发展研究院、天则经济研究所等，但缺乏智库联盟网络平台。

充分利用计算机及互联网技术，建立中国智库联盟网络平台（也可是某一系统、行业智库联盟网络平台）。网络平台将加强各种智库彼此之间的合作和联

---

① 李伟．探索中国特色新型智库发展之路．http：//www.cet.com.cn/ycpd/xwk/1178927.shtml.

系，促进协同创新、整合资源来攻坚克难，促使专家学者、各界精英的联系、交流、合作。同时，通过这个网络平台，可以充分汇聚专家、学者、官员、普通公民，以及科研单位和媒体等多方智慧，实现信息互通、成果共研共享，又可以对各方的意见、观点进行收集整合，利用现代技术手段，把握社会思想动态。下面从功能定位和板块设计对中国智库联盟网络平台的建设提出构想。

功能定位。中国智库联盟网络平台作为联系智库、展示智库，汇聚专家、学者、官员、社会知名人士、普通公民，以及企业事业单位和媒体等多方智慧的平台，应具有发布信息、展示成果、信息沟通、促进交流、建言献策、汇集智慧等功能。发布信息，指发布智库联盟、各智库的信息，展示各智库运行状况。展示成果，指展示智库的研究成果，供浏览者交流学习。信息沟通、促进交流，指政府、智库、专家、网民等通过平台可实现信息交流。建言献策、汇集智慧，指建设信息采集平台，实现汇集各方智慧。

板块设计。依据网络平台的功能定位，如表2所示，笔者认为网络平台的板块主要包括联盟介绍（联盟成员、章程）、热点关注、智库动态、学术活动、思想集萃、研究成果、知名专家、我要建言、相关链接（微博、微信）。

表2 中国智库联盟网络平台主要板块

网络平台	板块内容	备注
中国智库联盟网络平台	1. 联盟介绍（联盟成员、章程）	
	2. 热点关注	
	3. 智库动态	
	4. 学术活动	
	5. 思想集萃	
	6. 研究成果	
	7. 知名专家	
	8. 我要建言	
	9. 相关链接（微博、微信）	
	10. 服务功能模块	

联盟介绍板块主要是对联盟成员、联盟章程、规章制度等进行介绍，让浏

览者对智库联盟有一定了解。热点关注板块主要是对一定时期内热点问题进行关注，对相关政策解读，提出建设性建议，对民众起引导作用。智库动态板块主要发布各智库的最新进展信息，展示智库运作状况。学术活动板块主要发布各智库举办的学术活动信息。思想集萃板块主要发布知名专家学者的思想观点。研究成果板块主要展示智库有代表性的研究成果。知名专家板块介绍各智库知名的专家学者。我要建言板块主要为了围绕某一问题征集各方建议。相关链接板块主要是为丰富网站资源，增加更多的信息内容，通过网站链接把其他相关的网站推荐出来。服务功能模块是为增强网络平台的亲切感和归属感，提高网络平台的访问量，如设置信息查询、网络技术咨询等。

第三篇 **03**

党建与思想政治教育

论习近平全面从严治党思想的理论品质

摘　要：全面从严治党是以习近平同志为核心的党中央治国理政最鲜明的特征。党的十八大以来，党中央高度重视党要管党、从严治党，作出系列重大部署，带领全党开辟了党的建设新境界，形成了全面从严治党思想。习近平全面从严治党思想除具有与时俱进的理论品质外，还具有自身鲜明的理论品质，包括立场价值的人民性、理论内容的科学性、整体思想的系统性、实践指导的高效性。

关键词：习近平；全面从严治党思想；理论品质

坚持一切从实际出发，理论联系实际，实事求是，在实践中检验真理和发展真理，是马克思主义最重要的理论品质。这种与时俱进的理论品质，是马克思主义始终保持蓬勃生命力的关键所在。马克思主义认为，"每一历史时期的观念和思想也同样可以极其简单地由这一时期的生活的经济条件以及由这些条件决定的社会关系和政治关系来说明"。习近平全面从严治党思想的形成同样具有思想上和实践上的基础，具有自身的理论品质。

一、立场价值的人民性

马克思、恩格斯在《共产党宣言》中明确指出："过去的一切运动都是少数人的，或者为少数人谋利益的运动。无产阶级的运动是绝大多数人的，为绝大多数人谋利益的独立的运动。"马克思主义的立场是人民的立场，即始终站在人民大众的立场上，一切为人民，一切相信人民，一切依靠人民，全心全意为人民谋利益。人民立场也是中国共产党的根本政治立场。96 年来，从"不拿群众一针一线"的严明纪律、"鱼儿离不开水，瓜儿离不开秧"的深厚情谊，到与群众"一块苦、一块过、一块干"的铿锵誓言，我们党始终坚守人民立场，把自己的根牢牢扎在人民当中。历史证明，与人民风雨同舟、生死与共，始终保持血肉联系，是党战胜一切困难和风险的根本保证。

习近平在庆祝中国共产党成立 95 周年大会上讲话时指出："全党同志要把人民放在心中最高位置，坚持全心全意为人民服务的根本宗旨，实现好、维护好、发展好最广大人民根本利益，把人民拥护不拥护、赞成不赞成、高兴不高兴、答应不答应作为衡量一切工作得失的根本标准。"讲话贯穿全篇的主旨是"不忘初心、继续前进"，归根到底就是要求全党永远保持对人民的赤子之心，始终坚守人民立场，永远保持建党时中国共产党人的奋斗精神，始终从严管党治党，使我们党永远立于不败之地。

习近平指出，只有始终坚持人民创造历史的唯物主义立场和观点，相信人民、依靠人民、代表人民，以人民为中心，我们党才能拥有不竭的力量源泉，不断把中国特色社会主义推向前进。全面从严治党思想中立场价值的人民性是根本，贯穿始终。正是在这个前提下，习近平接过历史接力棒，在新的历史条件下，坚持党的性质宗旨，确保党的先进性和纯洁性。

二、理论内容的科学性

党的十八大以来，党中央在从严治党上进行了新探索。习近平坚持实事求是，一切从实际出发，马克思主义普遍真理与中国实际相结合。针对党的建设伟大工程，从中国国情出发，从中国现阶段改革开放面临的新情况、新矛盾、新问题出发，回应新时代提出的新机遇新挑战，提出了科学的战略思想。

学者刘炳香认为，以习近平同志为核心的党中央从接过历史接力棒的第一天起，就深刻认识到"打铁还需自身硬"，在团结带领全党、全国人民实现中华民族伟大复兴中国梦的征程中，"坚持管党治党不松懈、反腐肃贪不停顿"，把全面从严治党纳入治国理政战略布局，凸显了全面从严治党在实现中国梦中的战略地位，回答了为什么必须全面从严治党，以及全面从严治党谁来抓、抓什么、怎么抓的问题，科学回答了"怎样管好党、治好党"这一时代主题，形成了习近平全面从严治党战略思想，为推进党的建设新的伟大工程提供了根本遵循。①

在全面从严治党战略思想中，以"八项规定"为切入口，推进思想建党严明纪律规矩，筑牢全面从严治党基础，强化党内监督深化制度治党，以上率下抓好"关键少数"，在此基础上，着眼国家治理体系和治理能力现代化，紧紧围绕国家治理体系和治理能力来推进党的建设，把党的建设上升为了党和国家的重大战略举措，充分体现了习近平全面从严治党思想科学性。

三、整体思想的系统性

十八大以来，党中央全面从严治党的系统性强，紧紧围绕纪律建设、作风建设和反腐败斗争，着力从思想、管党、执纪、治吏、作风、反腐、制度等多方面、多层次积极稳步推进。同时，全面从严治党本身"全面"二字就体现出系统性。

在管党执纪方面，党中央要求各级党委要肩负起主体责任，落实管党治党责任，党委书记要当好第一责任人，对本地区本单位的政治生态负责；同时，强调各级纪委要担负起监督责任，勇于监督执纪问责。对主体责任落实不力，监督责任落实不到位的，要强化问责，引导全党不断增强政治意识、大局意识、核心意识、看齐意识，使管党治党真正从宽松软走向严紧硬。作风建设方面，党中央坚持以上率下，从出台中央八项规定开始，接着开展党的群众路线教育实践活动、"三严三实"专题教育，抓住重要时间节点，着力解决许多过去被认为解决不了的问题，刹住了许多人认为不可能刹住的歪风，端正了党员干部的公私观、是非观、义利观，推动了党风政风的好转。在反腐方面是"老虎""苍蝇"一起打。反腐败斗争没有禁区、没有特区，不定指标、上不封顶，老虎要打，苍蝇也要打。

全面从严治党是一项复杂的、艰巨的系统工程，全面从严治党思想的系统性是中国共产党管党治党的重大进步。

---

① 刘炳香. 习近平全面从严治党战略思想研究. 中共福建省委党校学报，2016（5）：8－15.

四、实践指导的高效性

近期，国家统计局开展的全国党风廉政建设民意调查显示，92.9% 的群众对党风廉政建设和反腐败工作成效表示满意，比 2012 年提高 17.9 个百分点。① 十八大以来，真抓实治的全面从严治党实践，取得重大阶段性成效，使不敢腐的震慑作用充分发挥，不能腐、不想腐的效应初步显现，反腐败斗争压倒性态势正在形成；党风政风为之一新，党心民心为之一振，进一步净化了政治生态，增强了人民群众对党的信任和支持，厚植了党执政的政治基础。② 这些充分体现了习近平全面从严治党思想对实践指导的高效性。

同时，习近平在 2017 年 1 月 6 日十八届中央纪委七次全会上发表重要讲话强调，党的十八大以来，全面从严治党取得显著成效，但仍然任重道远。落实中央八项规定精神是一场攻坚战、持久战，要坚定不移做好工作。充分说明要将从严治党进行到底，当然过去先进不代表今天先进、今天先进不代表未来先进。理论对实践指导的高效性，必然要求理论具有时代性，全面从严治党也必须坚持与时俱进，认清时代背景和执政环境的新变化，顺应加强党的建设、提高执政能力的新要求，不断增强自觉性、针对性和实效性。

---

①　王珍.不断取得全面从严治党新成效.中国纪检监察报，2017 - 01 - 09.
②　师长青.同一切弱化先进性损害纯洁性的问题做斗争——党的十八大以来全面从严治党述评.中国纪检监察，2016（19）：13 - 15.

高校党组织严格党内生活常态化策略研析

摘 要： 高校党组织贯彻落实全面从严治党，首先要从严肃党组织党内政治生活，实现党内政治生活常态化做起。然而，当前高校党组织党内政治生活尚存在认识偏差、落实不到位、庸俗化平淡化随意化现象及经费和激励措施缺乏等问题。故文章认为要从着力从做好解释教育、强化刚性约束、突出要求标准、重视方法创新、注重评价反馈、加强监督问责等六个方面施策发力。

关键词： 高校；党组织；政治生活

十八大以来，以习近平同志为核心的党中央以党要管党、从严治党的政治决心和以打铁还需自身硬的政治勇气，站在伟大斗争的战略高度把党的建设新的伟大工程推进到新的境界，形成了新时期、新形势、新环境下党的建设的新思想新战略新实践。高校党组织是党的队伍的重要组成部分，加强新形势下高校党组织建设必须深入学习贯彻习近平总书记系列重要讲话精神，必须全面推进从严治党，着力于营造高校党组织良好政治生态，严肃高校党组织政治生活，努力实现高校党组织政治生活常态化。

一、新形势下高校党组织严格党内生活常态化存在的问题

1. 部分党员认识上存在偏差，积极性不高。这主要表现为：一是没有正确认识、深刻领悟高校党组织党内政治生活常态化的重大意义，认为党内政治生活是流形式，走过场；二是认为严肃高校党组织党内政治生活是权宜之计，进行的只是一时，刮的是一阵风；三是认为实现高校党组织党内政治生活常态化是上级的任务，是领导干部的事，对高校党组织党内生活工作缺乏正确的认识；

四是认为参加党组织党内政治生活是形势所迫，是上级领导的要求，对其工作的开展态度不重视；五是认为高校党组织党内政治生活实际上还是"决策一言堂、用人一句话、花钱一支笔"，将党章党规、党纪党法抛之脑后等。这些错误的、模糊的、有偏见的认识的存在直接导致了部分党员轻视党内政治生活，置党内政治生活不正之风于不闻，不认真对待党内政治生活，党内政治生活走调变味，消减了参加党内政治生活的积极性。

2. 部分基层党组织建设落实不到位。这主要表现为：一是一些高校基层党组织党内政治生活失之于宽、失之于软，党要管党、从严治党的"大熔炉"温度不够，火候不到；二是一些基层党组织党员干部遇到原则问题不坚定，存在"多一事不如少一事"的想法，遇到矛盾绕着走；三是一些基层党组织缺乏凝聚力，组织性和纪律性差；四是一些基层党组织生活没有质量保障，缺乏实质内容，更没有实际效果，形式主义、过程主义，甚至娱乐主义横行；五是部分基层党组织民主集中制沦为摆设，一些基层领导干部搞分散主义、各自为政，甚至把分管领域变成私人领域；六是"好人"主义盛行，不敢批评，不敢讲真话，怕得罪人，对于很多原则问题无动于衷，把党的批评与自我批评武器丢弃；七是执纪不严，纲纪不彰，作风建设流于形式，四风问题改头换面，发现腐败问题不管不问等。当前，部分高校基层党组织党风政风依然面临严峻形势，党内政治生活常态化的路子依然还很长。

3. 党内生活存在随意化、平淡化现象。"党内政治生活必须真正严肃起来，决不能随意化、平淡化，不能娱乐化、庸俗化。不能让党内政治生活变了味，走了调。"① 必须按照全面从严治党的要求，使党内政治生活严格起来。然而，结合高校党组织党内政治生活现状可以看到，本该严格的党内政治生活松松垮垮、稀稀拉拉，党内生活庸俗化、随意化明显存在，不认真、假认真现象大量可见，政治性、原则性、战斗性不见踪迹。政治理论学习流于表面，仅依靠读读报纸，念念文件，学习方式僵化，忽视思想困惑，忽视实际问题，忽视群众关切，自说自话，空谈主义盛行；明哲保身主义大有市场，自我批评避重就轻、轻描淡写，批评他人蜻蜓点水、拐弯抹角；党内关系不正常，热衷于小圈子文

---

① 刘云山.努力营造良好政治生态.学习时报，2015（A1）.

化。庸俗化、随意化、平淡化是党内政治生活的腐蚀剂，长期存在下去会破坏党员干部的免疫系统，削弱党的凝聚力、战斗力。

4. 基层党组织缺乏稳定的经费保障和激励措施。高校基层党组织缺乏稳定的经费保障和激励措施现象与高校本身属性、特点存在密切联系。高校是培养人才、进行科学研究的场所，国家和相关部门在教学和科研方面投入了大量经费。与之相比，高校党组织党建领域就缺少充足稳定的经费保障和完善的激励措施。通常情况下，拥有的经费也是根据形势需要而提供阶段性、事务性、间歇性经费。当前，高校党建工作存在的不正确认识是："必须有但可以无。"这种矛盾认识致使高校党建工作处于十分尴尬的境地。矛盾认知与尴尬处境带来的结果是高校党建工作被边缘化，其经费保障跟不上，激励措施不够，这在基层党组织上表现的更加突出。高校基层党组织面临的重大问题之一就是经费问题，经费没保障，其他的活动便无从谈起。高校党建工作关乎高校发展方向，因此，必须对高校党建工作进行合理定位，将其置于更加重要的地位。准确认识这一点，才能为高校党组织，包括基层党组织提供更加坚实的物质基础和精神机制，才能促进高校实现健康持续发展。

二、新形势下高校党组织严格党内生活常态化策略

1. 做好解释教育，提高全体党员的思想认识水平。严肃高校党组织党内政治生活，推动建设党内政治生活常态化体制机制，提高全体党员的思想认识水平，首先要做的是做好解释教育工作。这主要包括两点：一是在事前要理解透党组织党内政治生活是什么，为什么要严格党内政治生活，严格党内政治生活的什么，影响党内政治生活的因素有哪些，怎样严格党内政治生活等。一定要在认识上使得党员干部搞清楚、弄明白、真懂得、真理解，切实解决党员干部存在的一些模糊、偏见、误区认识，确保澄清误解，辨别是非，使党员干部没有思想包袱，轻装上阵；二是在事后要明确责任追究。针对高校党组织党内政治生活出现的歪风邪气，要进行责任追究，以此来增强党员干部的思想认识水平。

2. 强化刚性约束，健全高校党组织党内生活的制度体系。习近平强调指出："最根本的是严格遵循执政党建设规律进行制度建设，不断增强党内生活和党的

建设制度的严密性和科学性。"① 这段重要论述告诉我们，完善法律和制度，建立健全制度体系，强化刚性约束是实现高校党组织党内政治生活常态化的根本途径。依靠法律和制度实现高校党组织党内政治生活常态化是对历史经验的科学总结，也是深化政治体制改革在高校落地生根的必然要求。要牢牢紧扣、始终抓住权力这个核心关键，把权力关进制度笼子里，构建程序严密、配套完备、有效管用的制度体系，从而保证高校党组织党内政治生活正常、健康、科学、有效、有力。通过制度建设，标本兼治、破立并举、执行落实，既着力解决当前突出问题，又注重建立长效机制，这是我们总结党内生活和党的建设历史经验得出的基本结论。

3. 突出要求标准，分析设计高校党组织党内生活的具体标准。标准好像一面旗帜，标准一立，人们便有所知趋。因此，突出标准要求，分析设计高校党组织党内生活具体标准是全面从严治党新形势下加强高校党组织建设，严格党组织党内政治生活，营造风清气正的党内政治生活的重要途径。坚持普遍标准和具体标准相结合，以普遍标准为统领，细化具体标准，建构科学规范、准确清晰、参照明确、操作可行的党组织党内政治生活标准体系。要把普遍标准树立起来：一是把全面从严治党贯穿到党内政治生活方方面面；二是把"严格认真"贯穿党内政治生活始终；三是把党的纪律和规矩，特别是政治纪律和政治规矩挺在前面；四是把坚持用人导向作为治本之策；五是把领导干部这个"关键少数"抓紧抓牢；六是把理想信念这个"核心灵魂"筑牢；七是把抓作风反腐败作为有力保障；八是把完善法律和制度作为根本途径。

同时，要把具体标准细化分解出来：一是要严格执行中央"八项规定"；二是要持之以恒整治"四风"；三是要着力破解高校党组织干部队伍建设"唯年龄、唯学历、唯科研"的问题；四是要建立高校党建工作责任制，看住干部状态；五是要注意关键节点，抓住典型案例；六是要针对问题实行清单制，层层立、级级做，限时解决；七是要紧盯生活作风问题，从小事抓起，从具体问题严起；八是要坚持落实民主集中制，开好民主生活会。

4. 重视方法创新，提高高校党组织党内生活的吸引力、凝聚力。注意方法、

---

① 红旗东方编辑部．营造良好政治生态大家谈．北京：红旗出版社，2015.

重视方法、创新方法是党推进工作的重要经验和重要选取，方法科学正确，党的建设工作就事半功倍；方法落后错误，党的建设工作就事倍功半。因此，加强高校党组织建设，推动党组织党内政治生活健康可持续发展必须高度重视方法，必须把方法创新置于实现高校党组织党内政治生活常态化更加突出的位置，把党在历史上形成的党内政治生活立场、观点和方法继承、贯彻、融入高校党组织党内政治生活建设中去并结合新的实践特点和新的时代要求进一步创新、丰富、完善高校党组织党内政治生活建设方法。唯有如此，党组织的吸引力、凝聚力才能不短暂、不削弱，才会不断加强，力量越来越大。经过历史沉淀，高校党组织党内政治生活形成了诸如"三会一课"、民主评议党员等好形式、好方法。当前，高校党组织党内政治生活要进一步着力创新民主集中制方法；进一步着力创新组织生活方法；进一步着力创新批评与自我批评方法；进一步着力创新抓作风正党风方法，在继承与发展、遵循与创新中发扬好方法、革新旧方法、创新新方法。

5. 注重评价反馈，开展对高校党组织党内生活的考核和奖惩。重视评价、接受评价、注意反馈、吸纳反馈是党的良好工作方法和优良的工作作风。注重评价反馈是高校党组织党员干部开展照镜子、正衣冠、洗洗澡、治治病的重要手段，是落实党内外民主、建设阳光党组、保障群众知情权和参与权的重要体现。评价反馈有效，党内政治生活就有所改善；评价反馈做得不好，党内生活就裹足不前。因此，高校党组织党内政治生活常态化机制的形成必须把评价反馈提到自己的工作日程上来，作为工作机制中重要的一环，努力建立健全自我与他人评价相统一、自我与他人反馈相结合，规范的、有效的评价反馈体系。要拓展评价反馈主体，形成上级、下级、同级、外围共同作用的评价反馈机制；要丰富评价反馈渠道，完善网上与网下、电子与书面、移动与面谈等多种评价反馈途径；要切实认真对待评价反馈建议和意见，建立限时回复、限时处理制度，建立定期报告制度，实行公开、公布的制度。最为重要的是要建立高校党组织党内政治生活考核奖励机制，把党建作为最大的政绩。对学校党委特别是党委书记的考核，首先是考核党建的实效，其他干部的考核也要加大党建比重，考核人员由上级组织部门、其他高校、专家学者、教师代表、学生代表组成，考核根据结果分层制定相应的奖惩办法，并公开考核结果，努力形成科学的党建考核奖惩制度。

6. 加强监督问责，实施对高校党组织党内生活落实不力的问题倒查和责任追究。习近平总书记指出："不想接受监督的人，不能自觉接受监督的人，觉得接受党和人民监督很不舒服的人，不具备当领导干部的起码素质。"① 目前高校党组织党内政治生活存在的各种问题，究其根源就在于脱离广大师生群众，失去了他们的监督。因为监督是挑毛病，找茬子，所以很多党员，尤其是领导干部对此有抵触情绪、怕丢面子、怕影响威信。要完善、创新监督工作机制，对党内生活进行不定期巡视，发现问题严肃处理；探索建立高校督查监督工作机制；要健全党内监督，扩大监督主体，把群众、党外民主、媒体舆论、审计、法律、人大监督纳入高校党组织党内政治生活监督体系中来。习近平强调指出，从严治党，必须增强管党治党意识、落实管党治党责任。与此同时，除了监督，还要问责。以问题为导向，明确失责必问、问责必严，形成强而有力的责任倒逼机制，进而营造良好党内政治生活，有效推动工作开展。

---

① 红旗东方编辑部．营造良好政治生态大家谈．北京：红旗出版社，2015．

从严治党要持之以恒

从严治党既是我们党的优良传统和一贯方针，也是新形势下提升党的执政能力、巩固党的执政地位、确保国家长治久安的现实需要。在群众路线教育实践活动总结大会上，习近平总书记对新形势下从严治党做了八个方面的部署。党的十八届四中全会提出了全面推进依法治国重大战略部署，并将"形成完善的党内法规体系"纳入法治建设的"五大体系"之列，实现依规治党。这是我们党站在新的历史起点，把从严治党持之以恒，并不断推向深入的行动纲领。

一、从严治党是我们党的优良传统和宝贵经验

从党的历史看，从严治党是我们党的优良传统和宝贵经验。建党之初，我们党就非常重视党的组织性、纪律性建设。后来，无论是革命战争时期的延安整风，还是改革开放以来的整党整风活动、"三讲"活动、"保先"教育活动、学习实践科学发展观活动和创先争优活动，都体现出我们党对从严治党高度重视。

毛泽东同志在七届二中全会上提出了"两个务必"，并在离开西柏坡前往北平时告诫全党同志"决不当李自成"。邓小平同志曾提出了"关键在党"的思想，并在实际工作中善用制度的规范性和强制力来管党治党。江泽民同志明确地提出了"党要管党、从严治党"的思想，并将其作为加强和改进党的建设的基本方针。胡锦涛同志强调，要从保持党始终成为党和人民事业的坚强领导核心的高度认识管党、治党，并推动了"党要管党、从严治党"方针写入党章。

二、习近平总书记关于从严治党思想是对党的从严治党光荣传统的继承和发展

习近平总书记关于从严治党思想是对党的从严治党光荣传统的继承和发展。他在群众路线教育实践活动总结大会上的讲话中曾提到"严"字98次，并指出"不管党、不抓党"就有可能出问题甚至出大问题，有"亡党亡国的危险"。这充分表明了党中央坚持党要管党、从严治党的鲜明态度。习近平总书记还就新形势下如何坚持从严治党作了八个方面部署，进一步深化了从严治党思想，体现了我们党适应时代发展要求、保持党的先进性和纯洁性的高度自觉，具有很强的针对性和指导性。

习近平总书记关于从严治党的思想赋予了从严治党新的时代内涵。一是从严治党具有长期性。从严治党关系党的生死存亡，如果治党不严，对不良思想和行为听之任之，只会误党误国。习近平总书记指出，"活动收尾绝不是作风建设收场"，从严治党不是一股风，而是新常态。二是从严治党具有系统性。习近平总书记从落实治党责任、坚持思想建党和制度治党紧密结合、党内政治生活、管理干部、改进作风、党的纪律、发挥人民监督作用、治党规律八个方面对新形势下坚持从严治党作出了部署，可见从严治党是一项系统的工程，需要形成合力，综合施治。三是从严治党具有规律性。习近平总书记指出："正确把握掩盖在纷繁表面现象后面的事物本质，深化对从严治党规律的认识。"以规律指导从严治党，是我党从严治党的新境界，具有很强的现实指导意义。

三、毫不松懈、扎实推进从严治党部署的贯彻落实

"办好中国的事情，关键在党。"党要管党，而治党必须从严，对我们这样一个拥有8600多万党员的世界最大执政党，必须从严而治，严字当先。苏联亡党亡国的教训启示我们，党组织的吸引力、凝聚力和战斗力，不仅影响着党的执政能力和领导水平，也关乎党和国家的前途命运、兴衰存亡。因此，必须严格贯彻落实习近平总书记对新形势下从严治党所做的八个方面的部署，毫不松懈、扎实推进从严治党。

要系统总结从严治党的经验做法。我们党历来重视和善于总结经验教训，这也是党能够经受挫折、战胜各种困难的重要原因之一。成立90多年来，尤其

是执政 60 多年来，我们党形成了许多从严治党的好传统、好经验、好做法。我们要对其进行总结、梳理，形成经验，上升为理论，进而把握和遵循从严治党规律，做到以科学理论指导从严治党、以科学方法推进从严治党。

要健全完善从严治党的法规体系。十八届四中全会提出"全面推进依法治国"重大战略，而治国必先治党，治党务必从严。这要求我们加大从严治党的法规体系建设力度，逐步健全完善从严治党的法规体系。从严治党法规体系建设要按照"坚持思想建党与制度治党相结合"的要求，及时清理不适应时代发展要求或相互冲突的党内法规和规范性文件，提高法规、制度的针对性和指导性，让从严治党有"规"可循，有"规"可依。

要扎实抓好从严治党的执行落实。各级党组织要进一步强化从严治党的思想观念，坚决落实从严治党的主体责任，把党建工作放在更加突出的位置。各级党组织书记要切实履行第一责任人的责任，必须"增强管党治党意识、落实管党治党责任"，把管党治党的责任牢牢记在心上、抓在手上、扛在肩上，把从严治党任务落实好。党员干部要深入学习习近平总书记关于从严治党的战略部署，充分认识从严治党的重要性和紧迫性，认真执行从严治党各项部署要求。

要把监督贯穿于从严治党的全过程。各级纪检监察机关要全面履行党章赋予的职责，加强对从严治党落实情况的监督检查，强化监督执纪问责。持续推进和完善组织内部自上而下的组织监督和自下而上的评议监督，大兴批评和自我批评之风，认真开展同志之间、同级之间的互相批评监督。充分发挥人民群众的监督作用，依靠广大群众的广泛参与，使从严治党落地生根，成为新常态。同时，监督形式也要适应形势的发展变化，要在畅通传统监督渠道、用好传统监督形式的基础上，开辟网络监督等新渠道、新形式，充分发挥社会舆论监督的作用。

大学生入党功利化调研报告

动机是产生行为的直接动力，决定人行为的发展方向。只有在正确的入党动机下，才能使党员的思想和行为朝着正确的方向发展。总体上讲，绝大部分大学生的入党动机是端正的，但不容忽视的是目前大学生的入党行为和动机表现出越来越功利化的趋势，需值得我们高度重视，妥善有效解决。为此，我们通过问卷调查、座谈交流、个别访谈、查阅材料，掌握大学生入党动机功利化的具体表现，并分析原因，提出对策建议。

一、主要问题

（一）具体表现

调查显示，大多数学生入党是因为"信仰共产主义，为祖国和人民服务""为他人和社会多做贡献"，所占比例最高。但也存在需高度重视的问题：认为"入党是一种荣耀"的占60%，"利于好找工作"的占50%，"入党能在评奖评优时特殊加分，有优惠政策"的占45.56%。在对"周围同学最主要的入党动机"的调查中认为"入党有好处，如对自己的就业、从政、升迁等有好处"的占57.78%，比例最大。具体调查数据附后。不论是被调查者自身的入党动机，还是对他人入党动机的评价，都具有明显的功利化倾向。

1. 为了工作入党。调查显示，高达70%的学生认为，"在就业中能给用人单位有个好印象，以便使自己能找到较为满意的工作"占第一位，有些学生认为"入党的主要目的就是为以后择业添加砝码，为谋取一个理想的职业捞取'门票'"，比例大大超过了"为党和国家的事业奉献自己的力量，实现自我价值"。

2. 为了得好处入党。在对"周围同学最主要的入党动机"的调查中认为"入党有好处，如对自己的就业、从政、升迁等有好处"的占 57.78%，比例最大，47.78% 的大学生认为是"为将来进公务员队伍提拔当干部创造条件"。这样的大学生占了相当大的比例，充分说明，大学生把得到好处作为入党动机。

3. 为了自己荣耀入党。在申请入党主要动机的调查中，60% 的大学生认为，"入党是一种荣耀"，图的是"脸上有光"。在对周围同学最主要的入党动机的调查中，20% 的学生认为，"入党光荣，入党能更好地证明自己，展现自我"。党员光荣，党员优秀，一些大学生希望自己成为校园中的"领袖人物"，得到同学追捧和赞美，满足自己的虚荣心理，入党作为自己可以炫耀的资本。

（二）大学生对入党功利化趋于认同

在"看待入党是为了个人获取好处"的调查中，有 10% 的学生认同此观点，同时这种做法得到学生的理解，高达 70% 的学生认为"不大正确，但可以理解"，对于功利化，大家认为不正确，但可以理解，说明学生已经默许这样，成为"潜规则"，需要我们高度警惕，防止出现"温水煮青蛙"现象。大学生出现入党动机功利化倾向具有很大的危害性，有损于大学生党员的整体形象，削弱着党在大学生中的威望和吸引力，入党功利化与从面从严治党是完全相悖的，最终有害于党的事业。

二、分析原因

（一）大学生价值观错位，萌发了入党功利化的动机

在校大学生为 95 后，其世界观、人生观、价值观尚未定型，理想信念较为淡漠，缺乏社会责任感，忽视他人、集体和社会的需要，在基于人情、面子、关系纽带的人际交往中，价值取向受到一些不良社会现象潜移默化的影响，执着、沉湎于一些世俗和物质的追求，行动上往往表现出盲从和急功近利。注重物质追求，使大学生相对忽视了精神追求，反映到入党动机的选择上，就可能放弃信仰，讲求实用。把入党作为一种在竞争中的筹码，作为一种光环和荣耀，没有看到其责任和义务。加上大学生的理论素养不高，很多大学生把参加党校学习当做入党前必须跨过的一道门槛，存在应付过关的消极心态，致使对党的路线、方针、政策、方略的学习不深、理解不透，调查显示 16.67% 的学生认

为，当前党员思想上存在的突出问题是"心态浮躁，不关心政治学习，理论学习水平不足"。政治知识与经验比较缺乏，没有认识到入党功利化对党的严重影响和损害，不在乎手段，只求目的实现，主观上萌发了功利化的动机。

（二）父母朋友负面误导，助长了入党功利化的思想

孩子是父母的未来，大学是实现家庭梦想和愿望的重要场所。每个父母都期待子女通过上大学以及子女在大学获得的竞争资本，来实现家庭的愿望。很多家庭都把子女能否在大学入党这个问题看得很重，因为子女入党可以增加毕业后的竞争资本。现实调查发现，占20%的大学生反映，他们追求入党是因为父母、朋友等的要求建议，因为父母觉得入党有好处，在这种情况下，大学生自身缺乏自主的辨析能力，就去实现父母的要求，而忽视了入党本来的意义。

（三）学校的不规范不严格，促使了入党功利化的实现

学校发展党员主要看学习成绩，对思想和平时表现考察不够。一直以来，高校对于学生的综合表现，特别是思想素质，缺少行之有效的定量考核办法，一直青睐以学业成绩作为确定发展对象的准绳。发展党员的标准过于强调学习成绩、荣誉等外显行为，忽视学生的入党动机、党性修养和群众基础等方面的考察。学习好，不一定思想就先进，也可能是"精致的利己主义者"。但现实的做法淡化了对入党动机的考察，也淡化了对学生的党的宗旨教育。党员发展工作中一些不规范不严格的做法，给功利化入党提供了机会。在具体操作过程中，一些制度执行上打了折扣。组织谈话、支部讨论发展有些时候走过场，存在应付性的突击考察、补填材料的情况，导致学生党员入口没有把严。

三、对策建议

（一）强化思想教育，端正入党动机

部分学生表现出的功利化入党动机，归根到底是价值观出了问题，对中国共产党的性质、纲领和宗旨缺乏系统完整的认识。为此，要加强教育，提高学生思想觉悟。通过发展对象培训班、入党积极分子培训班、思政课、党团组织生活、参观红色教育基地、参加志愿服务活动等方式，不断增强大学生理想信念教育，提高思想觉悟，端正入党动机。具体包括：一是注重源头培养。按照"早选苗、早教育、早培养、早发展"的思路，高度重视新生入党启蒙教育工

作，组织开展新生入学教育党的基本知识讲座，有计划有步骤地把政治素质好、入党积极性高的学生吸收到入党积极分子队伍中来。二是充分发挥党校功能，抓好入党前教育。在对参加过什么样的党前教育调查中，针对"观看中国共产党的纪录片"占75.56%，比重最大，要充分结合学生身心特点，利用好新媒体技术，开发教育视频。同时，学校党校抓好发展对象的培训，学院分党校重点对入党积极分子、预备党员等进行分期分批培训。三是创新党员教育管理形式，抓好入党实践教育。在对如何端正学生入党动机的调查中，认为"加强实践培训"占78.89%，列第一。积极拓展党员实践基地，拓宽党员经常性教育阵地，促进党员思想交流。同时通过党员挂牌、结对帮扶、社团共建、志愿者服务、暑期"三下乡"社会实践等多种形式的主题实践活动，在潜移默化、耳濡目染的感化、启发、教育中，提升学生的思想道德修养和综合素质。用事实来教育感染学生，使学生在学习自省中自觉端正入党动机。

（二）加强校家协同，摒除功利化入党认识

父母是孩子终身的教师，在校大学生是独生子女，父母关注比较多，投入大量的资金和精力，但这导致学生的自主性就较差，很多事项需要父母来作决定，为此，需要加强校家协同，构建校家联动机制，学校政治辅导员要与学生家长保持联系，尤其是入党积极分子的学生，与学生家长共同做好对学生的考察培养，鼓励大学生树立远大理想，培养学生成为有格局、有胸怀的人，摒弃急功近利，实现个人利益与集体利益的统一。

（三）严把考察程序，坚决遏制功利化入党

在程序上，严把发展关。一是严格按照发展党员工作程序，坚持"符合六个条件"：考察时间满一年以上、工作或学习成绩优良以上、思想汇报真实可信、发展材料齐全、参加发展对象培训班学习成绩合格、政治审查无问题，使发展党员工作真正做到成熟一个、发展一个，从源头上防止把不合格的发展对象吸收入党。二是畅通渠道，完善监督。规范团组织推优工作，公开推优对象的标准、工作程序及要求，明确未经团组织推荐的团员一律不得入党。严格执行发展党员公示制度，做好公示记录。在操作上，严把考察关。重品德考察，通过交流谈心、政审等方式，对准备发展的学生进行综合考察，既考察其政治素质、学习成绩，也考察其入党动机、理想信念；既考察其平时表现、群众基础，也考察其在关键时刻的表现和在重大政治问题上的态度和立场，考察中坚持把政治标准放在首位，突出党员的先进性。通过考察形成综合政审材料，避免把不合格人选纳入发展党员的对象。

（四）增强使命担当，自觉摒弃功利化入党

国家兴亡，匹夫有责。十九大报告要求，强化社会责任意识、规则意识、奉献意识。青年的精神风貌高低很大程度上折射着整个民族精神状态，青年一代作为国家形象的代表是促进社会发展的重要力量。作为这个伟大时代的青年，必须意识到青年大学生的时代担当，自觉肩负起时代赋予的责任。大学生必须清醒认识到，个人前途命运和国家民族复兴一脉相承、高度统一。祖国安定统一，个人梦想才有基础；国家事业兴旺发达，个人前途才有承载。在实现中华民族伟大复兴中国梦的今天，大学生需要牢记时代使命，志存高远，不但为自己，为小家，更要为集体，为国家，为民族。为此，大学生要从国家民族利益出发，去承担应该承担的责任，认识到入党是为了民族复兴、国家富强、人民幸福，要承担该承担的责任和使命，摒除自己的私心私利，自觉摒弃功利化入党。

人生教育视域下大学生社会主义核心价值观的培育践行

摘 要：将大学生社会主义核心价值观培育践行置于人生教育视域下可有助于提高培育践行效果，人生教育视域下大学生社会主义核心价值观培育践行要坚持人生教育相关思想理论，遵照马克思主义哲学价值论、"现实的人"思想、知行理论的内在要求，尤其要找准人生教育视域下大学生社会主义核心价值观培育践行的着力点，即要充分分析主体的性格特征及时代境遇，以人生教育为切入点，针对学生心理特点，隐化政治性，重视公民道德教育，营造有利条件和良好外围环境。

关键词：人生教育；大学生；社会主义核心价值观；着力点

2014年5月4日，习近平总书记在北大调研时要求"青年要自觉践行社会主义核心价值观"。大学生培育践行社会主义核心价值观已成为一项重要任务和研究课题，检索发现关于社会主义核心价值观的论文数千篇，许多文章提出了具体对策和培育路径。分析发现，大多数论文是直接或在思想政治教育视角下研究社会主义核心价值观培育践行的，缺乏从人生教育视角来研究社会主义核心价值观的培育践行。社会主义核心价值观培育践行是关于价值观、信仰问题，解决的是形而上的问题，直接进行此方面的教育，相对于看得见、摸得着、感觉得到的形而下的现实问题的教育，学生的接受效果相对较差，所以，不易直接进行此方面的教育。基于此现状，论文从人生教育的视角探讨大学生社会主义核心价值观培育践行的策略。

一、立论分析：置于人生教育视域下有助于提高培育践行效果

（一）从理论上分析，人生教育有丰富的外延可提供更多支撑

所谓人生教育是相对于专业教育而言，除此之外的是促使大学生成长成才的教育。目前大学生社会主义核心价值观教育大多纳入在思想政治教育的范畴，思想政治教育内涵相比人生教育较窄，外延也相对较小，而人生教育有丰富的外延。可见，人生教育包括思想政治教育，但又不局限在思想政治教育，这可以使各种教育内容相得益彰、相互促进，就不会使价值观教育成为"空中楼阁"。因此，置于人生教育视域下有更多的外围支撑，可显著提高培育践行效果。

（二）从实践上看，置于人生教育视域下可有助于解决现存问题

思想政治教育是思想观念、政治观点等方面的教育，大学生从小学就开始接受，他们对思想政治教育有一定排斥，内心形成了一些抵触思想，从思想政治理论课教学、党团组织生活、辅导员日常教育报告会上看，与专业课相比，学生出现迟到、旷课、睡觉等现象的较多。人生教育是每个人都要接受的教育内容，而作为天之骄子的大学生应该做得更好，从而降低其抵触情绪。将社会主义核心价值观置于人生教育视域下，从另一个视角开展，加上其他内容可有助于解决一些学生学习生活中诸如恋爱、心理问题等现实问题，实现解决思想问题与解决实际问题的结合。

二、理论基础：找准人生教育视域下大学生社会主义核心价值观培育践行的指导思想

（一）解析置于人生教育视域下的意义：人生教育相关思想理论资源

古今中外都非常重视人生教育，虽然各国在人生教育上没有明确统一的叫法，但其推崇的教育理念和开展的教育实践，对于我们开展社会主义核心价值观的培育践行具有重要的指导意义。

我国古代《大学》中就对大学的人生之道做了纲领性的注解，"大学之道，在明明德，在亲民，在止于至善"。其强调对学生内心德性的开发和完善，实质而言就是对学生开展人生教育，使学生适应社会发展的要求。著名教育家陶行

知先生的教育思想中就渗透着人生教育的思想，他指出："先生不应该专教书，他的责任是教人做人，学生不应该专读书，他的责任是学习人生之道。"他还要求"学生千学万学，学做真人"。这说明学习"人生之道"，学做"真人"是大学生在校学习的重要内容和目标追求。著名教育家杨贤江在其教育思想中也主张深入研究青年问题，热情关心青年的健康成长，主张对青年进行"全人生的指导"。进入21世纪，高等教育更是关注大学生的个人需要，关注学生的成长，帮助学生建立正确的人生态度，培养良好的心理素质和健康的体魄、训练敏锐的思维和较强的社交能力。通过实施人生教育，促使学生实现主体价值、社会价值。

西方在推行大学生的人生教育上也是不遗余力。人的解放和自由全面发展是全部马克思主义学说的主题。法国启蒙思想家卢梭提出教育的目的是培养自由人。牛津大学学者纽曼在其《大学的理想》中指出"大学的光荣在于培养完全有教养的人"①。瑞士教育家裴斯塔洛齐认为道德教育是"整个教育体系的关键问题"，是培养"和谐发展的""完善的人"的重要方面。② 进入21世纪，美国提出道德教育重返生活世界，强调学生民主个性的培养。

（二）明确培育践行核心价值观之理：马克思主义哲学价值论

社会主义核心价值观是一个价值问题，而树立一种价值观，必须首先搞清楚关于"价值观"的相关理论，在此基础上，我们再谈如何培育践行。此处的价值是从哲学层面探讨，表达的是人类生活中一种普通的主客体关系，即客体的存在属性和变化同主体需要之间的关系，自有人类以来就有价值问题。价值观是关于价值关系的观点和看法，是基于思维感官之上而做出的认知、理解、判断，是人认定事物、辩定是非、做出抉择的一种思维或取向，是评价人和事物的标准、原则、方法的观点的体系。所以任何社会都要倡导一种符合其要求的主流的价值追求。而社会主义核心价值观是引领未来我国全面、健康与持续发展的核心思想。因此，知道了价值、价值观的内涵和核心价值观的重要意义，就易理解为什么要树立"社会主义核心价值观"的问题，解决了思想认知，为

---

① 约翰·亨利·纽曼. 大学的理想. 徐辉等，译. 杭州：浙江教育出版社，2001：19.

② 王义高. 当代世界教育思潮与各国教改趋势. 北京：北京师范大学出版社，2000：4.

践行社会主义核心价值观扫清了障碍，筑牢了思想基础。

（三）助力培育要坚持的理论："现实的人"思想

"现实的人"是历史唯物主义的起点，"现实的人"思想在马克思主义哲学中具有重要地位。马克思、恩格斯正是从"现实的人"出发，批判和扬弃德国古典哲学关于人的基本学说，实现了历史唯物主义的创立。马克思、恩格斯在合著的《德意志意识形态》中多次与德国古典哲学中"想象中的那个人"相区别，提出"我们的出发点是从事实际活动的人"，并以"从事活动的，进行物质生产的""有血有肉的"进行描述。"现实的人"具有自然性、实践性、意识性和社会性四方面的特征。① 离开"现实的人"，离开对现实条件的分析，去培育和践行社会主义核心价值观将成为"空中楼阁"。因此，大学生培育践行社会主义核心价值观必须重视"现实的人"，把握当下大学生主体特征，以及社会生产方式、文化思潮、环境条件等，这是取得实效的前提。

（四）促进践行要坚持的理论：知行理论

知行理论属认识论内容，即认识与实践的关系问题。中国有丰富的知行思想。孔子重视学习，更重视行；朱熹提出"知难行易""知先行后"；汉代董仲舒认为，"知先规而后行之"；明代王守仁提出"知行合一"理论。有学者总结中国古代知行理论主要包括三个方面：一是知行有区别，二是知行不可分，三是知行是辩证统一。这三个方面的理论总结为培育和践行社会主义核心价值观提供重要的理论指导。马克思主义的实践论虽然与中国古代的知行理论不尽相同，但也有相近之处，都强调知的重要性，要有正确的认识；反之，则会有消极的影响。有了正确的认识，转化为行动，还需要有意志力、一定的方法、手段、途径等。而这些内容都是我们在大学生社会主义核心价值观的培育践行上所要创设条件达到的。

---

① 王曼. 社会主义核心价值观建构的哲学向度. 中共山东省委党校，2013（5）.

三、对策研析：人生教育视域下大学生社会主义核心价值观培育践行的着力点

（一）要充分分析主体的性格特征及时代境遇

1. 心理年龄延后、自主性增大

矛盾分析法认为，在事物发展中内因起决定作用。大学生能否真正培育践行社会主义核心价值观，关键取决于大学生自身的情况。对比分析当代大学生与以往大学生，不难发现当代在校大学生具有其自身特征。客观地讲，在校的90后、95后大学生比以往80后学生的生活条件更优越，受家人宠爱程度更重，接受的磨炼、锻炼更少。这就导致出现一个现实问题：生理年龄与心理年龄较80后大学生出现更明显的错位现象。营养充分、衣食无忧、生活环境优越，大学生的生理年龄提前了，但由于缺少必要的生活锻炼、实践历练，心理承受力较弱，导致心理年龄延迟了。如人的逆反性格，原来一般出现在中学阶段，现在大学生还存在较强逆反性格的情况。有学者早在2006年指出，由于生理成熟与心理成熟的不平衡性，导致大学生逆反心理的表现十分突出。① 这是心理年龄延后的有力佐证。而这种逆反的性格导致出现排斥老师思想教育，尤其是在意识形态方面，即使是对的、正确的东西，大学生也兴趣不大，不乐意去接受。同时，大学生自主性增大，自身向往无约束的环境，排斥管教和说教。自主性增大，情绪释放产生的排斥力，无疑影响着大学生社会主义核心价值观的培育和践行。

2. 价值选择空前增多

客观地讲，与20世纪相比，当下经济全球化继续深化、网络信息发展日新月异，世界真正变成了"地球村"。伴随而来的是各种社会思潮出现，大学生可供选择的价值观念空前增多，呈现多元化。而且有些价值观又以非常隐蔽的形式在影响着大学生，使其在传播上起到较好的效果。如利用大数据技术，可以发现潜在的受众者；西方主导着互联网，国外设计的操作系统垄断了中国市场，使得在传播国外思潮上具有较大工具优势。很显然，这些价值观念与社会主义核心价值观形成了竞争关系。大学生价值观选择种类空前增多，以及国外思潮

---

① 任涛，王礼贵. 大学生逆反心理的产生、分析及对策. 医学与社会，2006（9）：48.

传播的自身优势，是以往任何时候都不曾有过的，它一定程度上影响了社会主义核心价值观在大学生中的接受，降低了社会主义核心价值观在大学生群体中吸引力、感召力和践行力度。

3. 现实环境重物质利益，社会问题增多

核心价值观属意识形态范畴，根据社会存在决定社会意识的唯物史观，社会主义核心价值观的培育和践行，需要考虑现实物质条件、环境，同时，社会意识具有自身的特性也应分析在内。在市场经济条件下，追求利益最大化，导致竞争加剧，但现有制度法制还不健全，将人的邪恶特点充分暴露出来，出现了各种非法现象。而在这种重视物质利益追求的时期，人们都在拼命挣钱，甚至抛弃了道德和仁义，社会问题增多。大学生看到社会不公明显、金钱是衡量个人价值的标准、缺少钱财无法在社会立足等太多社会负面信息，使其对国家和社会的认同度降低。在这种背景下，对大学生进行思想教育，要求其践行社会主义核心价值观，收效自然就受到影响。

（二）要以人生教育为切入点，针对学生心理特点，隐化政治性，重视公民道德教育

马克思说，"理论只有说服人，才能发挥最大的力量"。共产主义者一向标榜，从来不隐晦自己的观点。但现在情况是，受教者不乐意去接受你的教育，这需要通过"曲线救国"的方式，达到"润物细无声"的效果。在大学生社会主义核心价值观培育上，针对学生叛逆、排斥思想，一定要结合其性格特点、思想心理状况，善用"曲线救国"，而非"单刀直入"，以人生教育为切入点，隐化政治性，围绕"思考人生""艺术人生""责任人生""安全人生"等内容开展专题讲座、报告会、校园文化活动、社会实践调研，将社会主义核心价值观的内容、要求融入人生教育之中，而非直接以社会主义核心价值观之名予以灌输。

尤其重要的是，在人生教育实施中，注重对公民道德教育的开展。公民道德教育是社会公民基本的教育内容，具有最大认可度。公民基本道德规范包括"爱国守法、明礼诚信、团结友善、勤俭自强、敬业奉献"。不难发现，社会主义核心价值观中个人层面内容与社会道德教育要求具有极大雷同性。大学生理应带头践行社会公民道德，而践行了公民道德，也就践行了社会主义核心价值

观。因此，可结合公民道德教育开展社会主义核心价值观个人层面的教育。这样让大学生自我醒悟，感到社会主义核心价值观就是社会基本道德要求，不仅达到了对社会主义核心价值观的认同，也自觉进行自我教育、养成，实现人的自觉自悟自行。

（三）要营造有利条件和良好外围环境

1. 国家要深化改革，推进中国梦实现，提高社会认同度

社会主义核心价值观不仅包括个人层面，还有国家、社会层面。而对于国家层面的认同，不是仅靠教育就能达到的，尤其是前文形势的分析描述。公民要切实感受到国家、社会给予的归属感、幸福感，这是很重要的。而这只有国家才能给予，教育是无法达到的。现实的物质利益要维护，基本的保障要满足，不然何谈社会主义制度的优越。现实利益的不均衡，权利有时无法得到保障等，严重影响了人民对社会主义核心价值观的认同。调研发现，大学生痛斥社会不公，教师有时很难以"我国社会主义人口多、底子薄，在半封建半殖民地社会建立的"理由来说服学生。

子曰："其身正，不令而行；其身不正，虽令不从。"习近平同志提出"青年要带头培育和践行社会主义核心价值观"。这是毫无疑问、责无旁贷的，但最应该带头的是党员领导干部。党中央必须站在生死存亡的高度来认识深化社会改革的重要性和必要性。我们欣喜地看到，党的十八届三中全会出台了全面深化改革的一系列政策，反腐倡廉力度和深度都在加强。资本主义社会发展到今天，发生了巨大变化，早已不是《共产党宣言》上描述的那样。虽垄断资本家、金融寡头、大财团依然存在，但资本主义的政府也在维护着本国国民的利益，虽说是科技发展促使资本主义的延续，其根本在于资本主义的政府和本国公民在逐渐靠近，不然马克思在《共产党宣言》中的预言早已成为现实。中国梦的提出极大地调动了人民的积极性，当下需要国家出台政策，完善相关法律法规，维护人民切身利益，做到为人民服务。只有这样才能显示出社会主义核心价值观强大的感召力、认同性，显示出社会主义制度的优越性，其他的社会价值观也就失去了竞争力。

2. 社会要扬弃传统文化，重视价值追求，营造公平和谐环境

马克思主义认为，社会意识内部各组成之间的相互影响及其各自具有历史

继承性。这要求我们要充分考虑传统文化。中国有五千年文明，创造了"文景之治""贞观之治"的盛世，以及以"四大发明"为代表的伟大文明成果。但到了晚清，江河日下，原有的传统保守思想却成了发展的禁锢，成了前进的包袱，中国一步步沦为半殖民地半封建社会。事物都具有两面性，可谓是"成也文化，败也文化"。对此，在大学生培育社会主义核心价值观中要扬弃中国传统文化。

继承优秀传统文化。《大学》中的"格物致知、诚意正心、修身齐家、治国平天下"是古代读书人修身养性的办法和价值追求。中华优秀传统文化是社会主义核心价值观的土壤与基础。① 社会主义核心价值观的培育和践行必须融入中国文化土壤，才能根繁叶茂。有条件的社会机构要开设传统文化讲解课程，社会精英要参与到传承经典的事业中来，鼓励大学生读经典，通过实践活动、观摩、讲座、课堂辅导，让大学生学习传统文化知识，掌握传统"修身齐家治国平天下"之道。当然对于传统文化的学习，一定要有批判精神，摒弃腐朽的思想文化。

社会组织要通过举办活动，重视价值追求，大力弘扬先进典型，加强精神文明建设，重视企事业单位的社会精神文明贡献，而非仅仅物质财富和税收贡献，摒弃那种只重视物质利益追求，忽视精神追求的行为。社会组织要在政府的支持下，重视基层民众疾苦，让基层民众共享发展成果，扩大社会组织的影响力，尽最大努力实现社会主义的公平正义，倡导公平、和谐的社会风气。社会组织要鼓励大学生参与精神文明建设，为大学生践行社会主义核心价值观提供实践机会。

---

① 郭齐勇．中华优秀传统文化是社会主义核心价值观的土壤与基础．光明日报，2014 - 04 - 02．

社会主义核心价值体系建设融入高校
党建工作路径探究

摘　要：把社会主义核心价值体系建设融入党建全过程，是党中央提出的重大任务和命题。开展社会主义核心价值体系融入高校党建工作路径研究具有重要意义。文章依据《普通高等学校党建工作基本标准》，提出从组织干部工作、宣传思想工作、纪检监察工作、统战工作四个方面探寻融入高校党建工作的具体路径。

关键词：社会主义核心价值体系；高校党建；路径

党的十七届六中全会指出，要把社会主义核心价值体系融入党的建设全过程。高校实行党委领导下的校长负责制，党组织在高校具有政治领导核心作用。因此，开展社会主义核心价值体系融入高校党建工作路径研究具有重要的现实意义。依据《普通高等学校党建工作基本标准》，高校党建工作主要包括组织干部工作、宣传思想工作、纪检监察工作、统战工作。基于此，社会主义核心价值体系建设融入高校党建工作的路径可从这四个方面来构建。

一、融入组织干部工作

1. 用社会主义核心价值体系加强领导班子建设。中国特色社会主义理论体系和社会主义核心价值体系是高校领导班子抓好党建工作必备的思想和行动的纲领。① 高校领导班子要带头学习和践行社会主义核心价值体系，按照《中国共产党普通高等学校基层组织工作条例》的规定，全面落实党的教育方针，牢牢掌握党在高校意识形态领域的主导权，发挥自身导向和引领作用，形成强有力的领导核心，带领全校师生朝着既定的目标奋斗。

2. 多形式组织学习社会主义核心价值体系。学习、践行社会主义核心价值体系，是党的十七大提出的一项重大战略任务。高校党的组织部门要多形式组织党员干部、师生学习社会主义核心价值体系。一要依托党校、青年教师培训学校、教师进修班、党支部书记培训会等载体，对入党积极分子、党员、青年教师等进行社会主义核心价值体系的教育。二要利用党团组织生活会、教职工政治理论学习会、领导干部大会、党委中心组学习会、领导干部和专家教授读书班等，加强对广大干部职工的社会主义核心价值体系教育，让广大干部职工理解和掌握。三要组织开展社会主义核心价值体系学习征文、演讲比赛、主题实践活动，邀请校内外专家作社会主义核心价值体系方面的专题报告。四要在网上党校开辟"社会主义核心价值体系学习专栏"，吸引更多师生参与学习。五要与学习型党组织建设、创先争优活动、基层组织年建设、群众路线实践教育活动结合起来，抓好社会主义核心价值体系的学习。

3. 多渠道考查社会主义核心价值体系学习践行情况。考查、考核是检验学习、实践成效的重要手段。高校党的组织部门要注重对社会主义核心价值体系等理论知识的考查。一是党校结业考试时，要将社会主义核心价值体系作为必考内容，考查入党积极分子对党的理论知识的掌握情况。二是干部选拔任用时，将社会主义核心价值体系的掌握情况作为理论知识考查的重要内容，促使党员干部平时注重对党的理论知识的学习，让党员干部在学习实践中感受责任、领悟崇高。三是在干部培训考核、年度述职述廉中，按照"德能勤绩廉"的要求，注重对"德"的考查，将践行社会主义核心价值体系作为重要方面，对于不合格的党员干部要及时清理。

4. 按社会主义核心价值体系的要求制定完善高校党组织的规章制度。高校

---

① 对外经济贸易大学课题组. 以社会主义核心价值体系引领高校党建工作. 思想政治工作研究，2012（3）.

党的组织部门在制定学校党组织建设、党员教育管理、党员干部培训等具体规章制度时，要把社会主义核心价值体系的内容、要求、内在实质融入广大党员干部的日常工作、学习、生活中，进而转变为自觉的行动，提升党员干部的思想境界和精神境界。

二、融入宣传思想工作

1. 多形式宣传社会主义核心价值体系。大力有效宣传社会主义核心价值体系是高校党的宣传部门的基本职责。可充分发挥校报、广播、橱窗、横幅、黑板报、校园网等宣传阵地，广泛宣传社会主义核心价值体系，唱响主旋律。积极召开社会主义核心价值体系理论研讨学习会，举办文化沙龙、读书会，研讨学习社会主义核心价值体系。加大宣传普通先进典型力度，以点带面，提升党组织、广大党员的形象，用身边的事教育身边的人，使广大师生潜移默化地接受教育。

2. 融入师生思想政治教育。一是将社会主义核心价值体系作为专题在思想政治理论课中讲授，对学生进行系统的社会主义核心价值体系教育。二是利用新生入学、毕业生离校、重大纪念日和节庆日等时机，抓好理想信念教育、国情教育、荣辱观教育。三是广泛开展社会实践活动，利用"三下乡"、社会调查、单位实习实训等平台，让学生在实践中接受锻炼，深化对社会主义核心价值体系的认识，促进学生积极践行社会主义核心价值体系。四是以社会主义荣辱观为导向，深入推进校园文化建设，弘扬主旋律，突出高品位，不断满足师生日益增长的精神文化需求。

3. 开展社会主义核心价值体系理论研究。高校党的宣传部门要充分发挥人才资源优势，加强马克思主义理论学科建设，围绕学习实践社会主义核心价值体系、社会发展和人们思想观念中的热点难点问题开展理论研究，解决影响师生马克思主义信仰的疑惑，促使师生用马克思主义的立场、观点和方法来理解、认同和践行社会主义核心价值体系。

三、融入纪检监察工作

1. 加强师生荣辱观教育。高校纪检监察部门要切实加强师生的荣辱观教育。

一是纪检监察干部要认真学习贯彻社会主义荣辱观。"打铁还需自身硬",作为纪检监察工作人员,要有坚实的思想政治和业务基础,以学习贯彻社会主义荣辱观为契机,进一步加强自身建设。二是开展学习社会主义荣辱观大宣教活动,将深入开展社会主义荣辱观教育纳入反腐倡廉"大宣教"格局。三是将社会主义荣辱观的"八荣八耻"重要内容制作成牌匾、宣传画悬挂张贴在学校显要的位置,在学校纪委网站开辟专栏,宣传社会主义荣辱观,让社会主义荣辱观为师生熟知。

2. 加强党员干部作风建设。社会主义核心价值体系是高校干部队伍思想作风建设的根本,是新的历史时期引领高校干部队伍思想作风建设的一面旗帜。① 一要以"八荣八耻"为准则,开展纪律作风集中教育活动,教育广大党员干部以实际行动践行社会主义荣辱观,自觉做社会主义荣辱观的实践者和推动者。二要切实加强对党员干部遵守"八荣八耻"情况的监督检查,排除干扰,发挥好部门职能作用。三要按照社会主义荣辱观的要求,建立健全相关规章制度,加强校园廉政文化建设。

3. 加强大学生廉洁教育。在高校,加强大学生廉洁教育是学习和实践社会主义核心价值体系的内在要求。一是制定具体的廉洁教育实施方案,并对实施情况进行检查、指导和考核。二是将廉洁文化宣传和校园文化建设结合起来,举办形式多样的廉洁教育演讲比赛、征文比赛、摄影比赛、知识竞赛、专题报告会、参观实践活动等,多形式多渠道开展廉洁教育。三是在思想政治理论课中融入基本道德规范和道德自律教育,培养学生廉洁意识。四是抓住入学教育、毕业教育、考前动员会等时机和助学贷款、评先评优、干部选拔等重要事项,有针对性地开展廉洁教育。② 五是进行大学生廉洁自律教育,让大学生学会自我认识、自我激励、自我控制。

---

① 黄爱英,陈海珊. 社会主义核心价值体系视域下的高校干部队伍思想作风建设. 当代教育理论与实践,2011(8).

② 谢光绎,张武装. 论社会主义核心价值体系指导高校廉洁教育的着力点. 湖南人文科技学院学报,2009(12).

四、融入统战工作

社会主义核心价值体系与统战工作的中心任务、工作内容是紧密联系和辩证统一的，对于指导和发展统战工作具有十分重要的理论意义和实践意义。对于高校统战工作来说，一要坚持马克思主义指导地位，以社会主义主流意识形态引领统战工作，保持它的持续性、认同性和影响力。二要为民主党派人士购买社会主义核心价值体系的相关书籍、影像等资料，及时准确地向民主党派人士和党外知识分子通报党的重要会议精神、重大方针政策、重大举措及学校的重要工作，引导各党派人士树立共同理想和时代精神，为构建社会主义和谐社会凝聚力量。三要大力宣传爱国主义和民族精神，最大限度地把各党派人士团结和联合起来，通过搭建平台，激发他们的爱国之情、爱校之情，积极参与学校建设。四要切实发挥民主党派的民主监督作用，解决他们关心的实际问题，并及时向他们反馈相关信息。

社会主义核心价值观融入大学生思想政治教育的途径

十八大报告强调要扎实推进社会主义文化强国建设。社会主义核心价值观作为文化建设的一项重要内容，应引起人们的高度关注。高校作为对大学生进行思想政治教育、推进马克思主义中国化理论的主阵地，文化建设的小高地，必须将社会主义核心价值观融入到大学生思想政治教育的各个环节之中。

一、大学生中普遍存在以下几个方面的问题

通过调查电子科技大学成都学院本科生思想政治理论掌握状况和社会主义核心价值观融入现状发现，大学生中普遍存在以下几个方面的问题：

（一）大学生存在信仰矛盾、不坚定和信仰多元化等问题，马克思主义理论掌握呈弱化之势

调查发现，当被问及"您是否信仰马克思主义"时，46%的学生回答了"是"，而当回答"您的信仰是什么"时，只有10%的学生选择"马克思主义"，其余回答情况各一。在回答"您认为是否有越来越多的大学生存在马克思主义信仰危机问题"时，有46%的学生认为"是"，45%的学生选择"说不清"，有9%的认为"不是"。调查还发现，有52%的大学生表示"愿意加入中国共产党"，12%的学生表示"不愿意加入中国共产党"，36%的学生回答"未考虑清楚"。另外，有66%的学生认为入党的同学都是出于前途和就业考虑，唯21%的学生认为入党的同学是出于信仰追求。这些数据显示大学生信仰存在矛盾、不坚定、信仰取向多元化问题。同时马克思主义基本知识的理解和掌握处在弱态，如"马克思主义是由哪三部分组成的"简单问题，选对的人，仅为被调查

人数的 10%，比例不容乐观。

（二）大学生对社会主义核心价值观的认识不容乐观，大学生思想政治理论教育收效欠佳

调查中有 21% 的学生回答，他们并不知道"社会主义核心价值观"的提法。同时只有 4% 的学生表示他们完整知道社会主义核心价值观的基本内容，64% 的学生则认为他们只是部分了解，有 32% 的学生回答他们完全不知道社会主义核心价值观的内容是什么。在认为知道"社会主义核心价值观"的学生中，只有 40.7% 的学生回答他们是通过思想政治理论课上了解到"社会主义核心价值观"的，其余的人则表示他们是通过"电视""报纸杂志""网络"，还有其他途径来认识。除此之外，只有 35% 的学生表示，他们所在的学校或集体开展过"学习社会主义核心价值观"相关内容的宣传教育。以上分析表明，大学生对于"社会主义核心价值观"的基本内容还没有完整、准确、清晰的认识，大部分大学生对社会主义核心价值观相关内容缺乏深入的学习与研究。

（三）大学生在践行社会主义核心价值观时存在"知"与"行"相脱节的现象

调查发现，在被调查的 300 名学生中，大多对社会主义核心价值观有高度的认同感，知道反对什么、赞成什么，什么可以做、什么不可以做。但当落实到一些具体的行为的时候，很多学生却没有能够坚持自己的观点，明知不可以为而为之。如 95% 的学生认为诚实守信对个人发展起到很重要的作用，但当问及"您是否反对大学生在考试的时候作弊"时，却有 30% 的学生选择"不反对"或持"无所谓"态度。再如，80% 以上的学生都认为"愿意为国家和集体做奉献"，但是在回答"毕业之后如果需要您是否愿意到西部支持西部大开发"时，只有 38% 的人表示愿意，其余的人则选择"不愿意"或"未考虑"。

二、社会主义核心价值观融入当代大学生思想政治教育的路径

（一）高校应当采用"三位一体"的方法加强大学生社会主义核心价体系教育

"三位一体"中的"三位"指的是学校的教学活动、校园文化建设和大学生实践活动；"一体"指的是社会主义核心价值观。"三位一体"的方法是指把

社会主义核心价值观融入教学、校园文化建设和大学生的实践中，让大学生自觉或不自觉地掌握社会主义核心价值观的相关知识，并内化为他们的自觉追求。

1. 在教学中突出社会主义核心价值观的教育，让学生全面、深刻、准确地掌握社会主义核心价值观。首先，重视思想政治教育实践教材的开发和编写。目前高校思想政治理论课教材大部分都是高等教育出版社出版的理论教材。不可否认，此套教材具有权威性、完整性，对大学生的思想熏陶起到有效的教育作用。但我们也发现，由于此套教材注重于阐述理论，因此难免内容枯燥。调查中发现，60%以上的学生认为思想理论太枯燥。针对这一情况各省、自治区、直辖市甚至每一所高校应当在社会主义核心价值观内容的范围内根据本地、本校的需要开发一些实践性的教材、读本。例如将践行社会主义核心价值观的先进人物、先进集体和先进事迹等汇编成册融入教材，从而让大学生对社会主义核心价值观有感性认识。其次，重视改进课程教学。目前高校的课程教学主要包括思想政治理论课与专业课的教学。思想政治理论课是大学生社会主义核心价值观教育的主渠道和主阵地，其特点是保证大学生的学习时间相对集中，能让学生在较短时间内系统地接受和掌握社会主义核心价值观的基本知识。这一途径的实施关键要把握好以下几点：一是作为思想理论课的教师应当准确把握社会主义核心价值观的内涵及其逻辑结构；二是教师课堂讲授要联系现实，充分结合国内外形势变化和学生关注的热点、难点问题展开教育；三是课堂讲授要生动活泼，让学生乐于接受。专业课的教学是大学生社会主义核心价值观教育不可缺少的途径之一。这一点我们可以借鉴美国的做法。"美国要求学生对任何一门课程的学习都要回答三个问题：这个领域的历史和传统是什么？它所涉及的社会和经济问题是什么？它要面对哪些伦理和道德问题？"因此，我们可以利用社会主义核心价值观提出的契机，在每一门专业课的学习中提出类似于"这门课与社会主义核心价值观的哪些内容有什么关联"或"上了这门课之后你对学习社会主义核心价值观有什么启示"等问题，从而有目的地让学生学习社会主义核心价值观内容。再次，在大学生社会主义核心价值观的教育中我们应当创新教学模式，提高大学生学习"社会主义核心价值观"的积极性。如教师可以根据实况组织形式多样、内容丰富的课堂讨论、小组辩论、专题演讲等。同时还必须充分利用网络和媒体。因为据调查发现，34%的学生是通过电视、报纸和网络来了解"社会主义核心价值观"的，媒体和网络的作用我们不容忽视。

2. 在校园文化建设中融入社会主义核心价值观内容，让大学生在潜移默化中接受教育。高校应不断地优化、开发思想政治教育的环境。校园文化是加强大学生思想政治教育的有效载体。因此我们应当利用各方面的条件开展各种理论讲座、读书、讨论、演讲比赛、知识竞赛；利用国庆、七一建党等重大节日，开展主题教育活动，唱响爱国主义、集体主义、社会主义主旋律，办好大学生科技文化节、大学生文艺活动、大学生电影节等。通过各种方式培养集体主义、爱国主义精神，全方位把社会主义核心价值观贯穿于校园文化建设的全过程。

3. 开创大学生社会实践的新平台，加强和深化其对社会主义核心价值观的认识和理解。积极组织学生参加如技能训练、军训、勤工俭学、志愿服务等校内实践活动，提高他们对创新意识、集体意识和艰苦奋斗、乐于奉献的认识。还可通过组织学生参加各类校外实践活动，如参观革命老区、服务边区，参加"三下乡""帮困扶贫"等活动践行爱国主义精神，培养大学生自强自立、乐善仁义、团结奋斗的道德情操，做到理论与实践的结合，达到深刻学习体会社会主义核心价值观精神的效果。

（二）高校应当开发、整合潜在和现有资源，拓展高校大学生践行社会主义核心价值观的平台

1. 在校园资源中，突出加强思想政治教育工作队伍建设，形成师生合力，推进社会主义核心价值观建设。思想政治教育工作队伍是高校大学生思想政治教育工作的骨干和主力。高校一方面应着力加强这支队伍的师风建设，要求教师认真学习和践行社会主义核心价值观，另一方面建立相关机制，加强思想政治教育教师与其他教师之间的交流合作，营造全员育人的良好氛围。

2. 在社会资源中，建立社会实践基地，充分利用社会人文资源，将社会主义核心价值观精神渗透其中。调查发现，61%的大学生更倾向于通过社会实践学习掌握社会主义核心价值观内容。高校应利用这一契机有计划地建立一批社会实践基地，鼓励学生结合自身专业、特长参与其中。另外，高校还可因校制宜选定一些德育基地，充分开发利用其人文资源，组织学生参与学习，并通过开展形式多样的教学实践活动来进行。

3. 在网络资源上，建立思想政治教育阵地，拓宽教育空间，加强网上教育。网络继报刊、广播、电视之后被人们称为第四媒体。现代社会，网络无处不在，对大学生发挥着重大的影响。高校要对大学生进行社会主义核心价值观教育，应充分利用网络资源建立社会主义核心价值观教育的相关网站。如供应大学生随时在网上查阅马列知识和吸收各种先进文化知识。还可开通网上视频点播系统播放系列爱国主义的影片。另外还可举办网上专题讲座，网上聊天，如 BBS、QQ 群等形式开展群体交流学习活动等。

中国梦教育融入"毛泽东思想和中国特色社会主义理论体系概论"课深度研析

摘　要：中国梦教育融入思想政治理论课是党中央提出的要求。要通过讲解，让大学生明确中国梦是对毛泽东等老一辈革命家梦想的继承发展，知道毛泽东等老一辈革命家对实现民族复兴的中国梦做出了巨大贡献，提供了基础条件、理论准备、宝贵经验。

关键词：毛泽东；中国梦；道路；精神；力量

中国梦教育是大学生思想政治教育的重要内容，中央要求将中国梦的教育融入思想政治理论课之中，切实从理论层面夯实大学生的思想基础。但检索分析发现，目前的研究较为肤浅，大多从内容上进行教育，探索教育的方法、途径、路径、渠道等，缺乏从理论上进行深度解析。文章以融入"毛泽东思想和中国特色社会主义理论体系"课为例，在具体讲课中，可作为一个专题进行，以中国梦的教育为目的，以毛泽东等老一辈革命家为主线，探究中国梦的形成发展历程、毛泽东等老一辈革命家对实现中国梦的历史贡献。

一、中国梦是对毛泽东等老一辈革命家梦想的继承发展

（一）毛泽东的解放梦、强国梦、大同梦

毫无疑问，"敢叫日月换新天"的毛泽东对中华民族的未来是有梦想的。当然梦想具有历史性的，不同时期有不同梦想。中共中央党校原副校长李君如教授指出："近现代以来，中华民族直面临着两大历史性任务，一是求得民族独立

和人民解放，二是实现国家富强和人民幸福。"① 很显然，前者是后面的条件。争取民族独立和人民解放的"解放梦"就是毛泽东当时的梦想，他将马克思主义的关于人类社会发展的普遍规律与中国实际结合起来，把马克思主义追求的进步人类的梦想与"解放梦"结合起来，提出了中国革命"两步走"实现人民解放和社会主义的战略构想。

1956 年，毛泽东在《纪念孙中山先生》一文中正式提出他的强国梦：二千零一年，也就是到二十一世纪的时候，中国将变为一个强大的社会主义工业国，中国应当对于人类有较大的贡献。此后，1959 年底 1960 年初，毛泽东在读苏联《政治经济学教科书》笔记中明确提出："建设社会主义，要求是工业现代化、农业现代化、科学文化现代化，现在要加上国防现代化。"即"四个现代化"。

"天下为公"的"大同社会"是中国人的追求，毛泽东也向往"大同"。人民公社的梦想在"大同"。作为坚定的马克思主义者，毛泽东渴望共产主义社会的早点到来。"大跃进""赶英超美"就是最好的佐证。《念奴娇·昆仑》中"安得倚天抽宝剑，把汝裁为三截？一截遗欧，一截赠美，一截还东国。太平世界，环球同此凉热"。字里行间，充分体现了他对马克思主义的坚信，坚信他所捍卫及奉行的理想属大道中正，并对未来美好前景充满信心。1955 年 7 月，毛泽东在《关于农业合作化问题》中说："在农村中消灭富农经济制度和个体经济制度，使全体农村人民共同富裕起来。"现在看来，虽方式方法欠妥，但目的是共同富裕。"而这个富，是共同的富，这个强，是共同的强，大家都有份，也包括地主阶级"②。"使农民能够逐步完全摆脱贫困的状况而取得共同富裕和普遍繁荣的生活"。③ 这些无不体现了毛泽东对"大同"，对共同富裕的追求。他的梦想和实践成为后人探索实现中国梦的宝贵财富。

（二）中国梦对毛泽东等老一辈革命家梦想的继承

2012 年 11 月 29 日上午，在参观国家博物馆《复兴之路》基本陈列过程中，中共中央总书记、中央军委主席习近平指出："现在大家都在讨论中国梦，我以

---

① 李君如. 毛泽东与中国梦. 中共中央党校学报，2013（6）.
② 中共中央文献研究室. 毛泽东文集：第 6 卷. 北京：人民出版社，1999：495 – 496.
③ 中共中央文献研究室. 新中国成立以来重要文献选编：第 4 册. 北京：中央文献出版社，1993：419.

为，实现中华民族伟大复兴，就是中华民族近代以来最伟大的梦想。"这是第一次提出中国梦。具体讲，到中国共产党成立 100 年时全面建成小康社会，到新中国成立 100 年时建成富强民主文明和谐的社会主义现代化国家，实现中华民族伟大复兴。2013 年 3 月 17 日，习近平在十二届全国人大一次会议闭幕会上，第二次详尽阐述中国梦。他指出，中国梦追根究底是人民梦。中国梦的最大特点，就是把国家、民族和个人作为一个命运共同体，把国家利益、民族利益和每个人的实际利益紧紧联系在一起。实现中华民族伟大复兴的中国梦，就是要实现国家富强、民族振兴、人民幸福。近代以来，不少仁人志士为中华民族的伟大复兴鞠躬尽瘁、奋斗不懈，谱写了一个个可歌可泣的光辉事迹。民族复兴是每一个中华儿女的己任，将生生不息。中国梦是民族复兴的通俗化提法，是一种理想追求，可以唤醒民族的自尊心和自豪感。同时，中国梦是人民梦，同个人的梦想密切相连，易于落地生根，便于凝聚人心，团结一切可以团结的力量，为民族复兴而奋斗。

毛泽东的中国梦具有自身历史性，是在特定历史条件下，提出的战略思想。即在人民流离失所、生灵涂炭的战争年代，天下能够和平；民族独立、人民解放、国家富强，成为开国元勋和国人的梦想。毛泽东的"解放梦""强国梦""大同梦"，与现在的"中国梦""人民梦"是一脉相承的。因为社会、国家、个人，原本就是三位一体的。社会不稳定，个人难发展；国家不强大、个人没前途。社会的进步、国家的富强是为了每个人的幸福，为了每个人的全面自由发展。① 随着国家的强大、经济实力的提升，人作为个体的权利越来越被党和国家重视，相继提出了"以人为本""以民为本"等执政理念。

习近平在参观《复兴之路》展览时，就用了毛泽东的诗句"雄关漫道真如铁""人间正道是沧桑"来表示中华民族的昨天、今天。习近平在 2013 年 1 月 1 日全国政协新年茶话会上的讲话中，又引用了毛泽东"踏遍青山人未老，风景这边独好"，并指出辉煌成就已载入民族史册，美好未来正召唤着我们去开拓创造。2013 年 3 月 17 日，习近平在十二届全国人大一次会议闭幕会上，第二次详尽阐述中国梦时指出："实现中华民族伟大复兴的中国梦，既深深体现了今天中

---

① 易中天. 中国梦：梦与梦魇. 南方周末，2010 - 08 - 15.

国人的理想，也深深反映了我们先人们不懈奋斗追求进步的光荣传统。"这喻示着以习近平为代表的新一届党的中央领导集体要把毛泽东等老一辈革命家开创的人民革命和建设事业推向前进。

二、毛泽东等老一辈革命家对实现中国梦的历史贡献

习近平总书记在纪念毛泽东诞辰 120 周年座谈会上的讲话中指出，毛泽东同志的贡献包括"领导我们党和人民建立了中华人民共和国，确立了社会主义基本制度，取得了社会主义建设的基础性成就""把我国建设成为一个强大的社会主义国家的战略思想"等。这对于实现中华民族伟大复兴的中国梦提供了物质基础和理论准备，积累了宝贵的经验教训。

（一）毛泽东等老一辈革命家对实现中国梦提供了基础条件

以毛泽东为首的共产党人领导全国人民建立了人民政权，确立了社会主义制度，提供了政权基础。毛泽东作为党和军队的主要创始人，带领工农红军及劳苦大众，推翻了"三座大山"，取得了新民主主义的胜利，建立了新中国，洗刷了百年的历史耻辱。中华人民共和国的建立是中国历史上开天辟地的大事，近代以来受侵略的历史一去不复返了，一切不平等的条约都被废除，人民翻身做了主人。新中国的成立，政权的巩固，为中国梦的实现，清除了政治障碍，迈出了振兴中华的第一步。经过社会主义革命，开展了"三大改造"运动，实现了中国人类史上最深刻的社会变革，确立了社会主义制度，为中国梦的实现奠定了制度基础。

以毛泽东为首的共产党人领导全国人民奠定了坚实的经济基础。1949 年 6 月，毛泽东英明地指出："严重的经济建设任务摆在我们面前，帝国主义者算定我们办不好经济，他们站在一旁看，等待我们的失败。"面对国民党政府遗留下的那种生产破坏、社会混乱、经济千疮百孔的烂摊子，共产党领导广大人民在战胜国内外巨大挑战的同时，只用了三年时间就胜利实现了国民经济的恢复和根本好转。新中国成立后毛泽东时代的二十多年，是共和国的一部艰辛的创业史。在短短二十多年的时间，我国的经济水平发生了翻天覆地的变化，初步形成了独立的国民经济体系和工业体系，使中国从一个相对落后的农业国变成了具有一定经济实力的先进工业国，走完了西方资本主义国家上百年才走完的路，

为实现中国梦奠定了坚实的经济基础。

以毛泽东为首的共产党人领导全国人民形成了较为完备的制度基础。1949年6月30日,毛泽东发表《论人民民主专政》一文,论述了新中国政权的性质、各阶级在国家中的地位及其相互关系。他指出,对人民内部的民主方面和对反动派的专政方面,互相结合起来,就是人民民主专政。在人民民主专政基础上采取的国家政权组织形式是按照民主集中制原则组织起来的人民代表大会制度,以及中国共产党领导的多党合作和政治协商制度、民族区域自治制度等政治制度。到目前我们仍然沿用这些制度。

以毛泽东为首的共产党人培育了支撑实现中国梦的思想基础。新中国的成立,洗刷了百年的耻辱,中国人民终于可以真正站起来了。当中国革命取得伟大胜利之际,毛泽东喊出的历史最强音:"占人类总数四分之一的中国人从此站立起来了。"这个站起来,不仅仅是外表站起来,更重要的是内心站起来了。民族精神得到极大的鼓舞和振奋。同时,在一穷二白的旧中国建设社会主义,需要凝心聚力,以毛泽东为首的共产党人带领全国人民培育了勤劳勇敢、艰苦奋斗的精神,独立自主、自力更生的精神,大公无私、为人民服务的集体主义精神,而这些精神,都是当下支撑和实现中国梦的思想基础。① 当然,在实现中国梦的过程中,如何克服悲观论点、急躁情绪、好大喜功等问题,毛泽东对历史经验的许多认识依然是我们的宝贵财富,即"保持对国情的清醒认识,坚持群众路线,坚持实事求是和调查研究,坚持正确处理可能性与现实性的辩证关系"等极具指导意义的思想理论。②

(二)毛泽东等老一辈革命家对实现中国梦提供了理论准备

毛泽东等老一辈革命家提出了实现中国梦的历史任务和历史进程。民族独立和国家富强是中国梦的两大历史任务。在革命战争年代,毛泽东在1939年《中国革命和中国共产党》中提出中国革命的主要任务是打击帝国主义和封建地主阶级,获得民族独立和人民解放。1953年由毛泽东主持起草《中共中央关于

① 张荣华. 毛泽东的"中国梦"及其实现路径. 中国石油大学学报(社会科学版),2013(5).
② 李君如. 毛泽东与中国梦. 党的文献,2013(S1).

发展农业生产合作社的决议》提出了"共同富裕"概念，并指出"这个富，是共同的富，这个强，是共同的强"。总结为两大任务，即独立和富强。实现中国梦需要50年到100年，甚至更长。在实现进程上，毛泽东进行了多次论述。1955年3月21日召开的中国共产党全国代表会议上的开幕词中说："建成为一个强大的高度社会主义工业化的国家，要有五十年的时间，即21世纪的整个下半世纪。"在1955年10月召开的党的七届六中全会上，他在结论中提出，要在50年到75年内，建成一个强大的社会主义国家。1956年9月在接见参加八大的南斯拉夫党的代表团时，他提出，要使中国变成富强的国家，需要50年到100年的时光。1961年9月，毛泽东在会见英国蒙哥马利元帅时又说："建成强大的社会主义经济，在中国，五十年不行，会要一百年，或者更多的时间。"1962年在七千人大会上又指出"要使生产力很大地发展起来要赶上和超过世界上最先进的资本主义国家，没有一百年时间我看是不行的"。

毛泽东等老一辈革命家指明了实现中国梦的指导思想和社会力量。马列主义和毛泽东思想是实现中国梦的指导思想。马克思列宁主义以共产主义社会为追求目标，也一定是实现中国梦的指导思想。马克思列宁主义一经和中国的具体实践相结合，就使中国革命的面目焕然一新。毛泽东提出了马克思主义中国化的时代命题，实现了第一次历史性飞跃，创立了毛泽东思想。中国无产阶级及其政党是实现中国梦的领导力量。毛泽东指出："民族资产阶级不能充当革命的领导者是因为他们的软弱性，他们缺乏远见及足够的勇气，并且有不少人害怕民众。"由于中国封建势力的强大，压制了资本主义的发展，资产阶级处于较弱势的地位，中国无产阶级及其政党就历史地肩负起领导实现中国梦的重任。人民群众是实现中国梦的基本动力。[1] 毛泽东指出："人民，只有人民，才是创造世界历史的动力。"人民群众是推动历史发展的决定力量，是历史发展的真正动力。在新民主主义革命中，毛泽东善于团结一切可以团结的力量，充分发挥人民群众的巨大作用，组成最广泛的全民族的统一战线，进而实现了革命的胜利。

毛泽东等老一辈革命家指出了实现中国梦的正确道路。实现中国梦要走适

---

① 韩梅．毛泽东关于中华民族伟大复兴的思想探析．理论界，2007（6）．

合中国实际的有中国特色的社会主义道路。道路关乎前途、命运。毛泽东总结资产阶级改良派、革命派失败的经验教训，深刻阐明了"只有社会主义能够救中国"的真理，开创了在社会主义基础上实现中国梦的正确道路。即中国革命的历史进程必须分为两步走：第一步是新民主主义的革命，改变半殖民地、半封建的社会状态，实现国家、民族独立，使之变成一个独立的民主主义的社会。第二步是社会主义的革命，建立一个社会主义的社会。正是沿着这个路线，我们党领导全国人民建立了新中国，经过社会主义改造，实现了最深刻的社会变革，并在发现苏联模式的弊端及其不适应中国国情之后，积极探索中国社会主义建设的道路。

（三）毛泽东等老一辈革命家对实现中国梦提供了经验教训

中国社会主义建设道路的成功经验。从1956年起，毛泽东继续带领中国人民探索中国自己的道路。提出了"什么是社会主义，怎样建设社会主义"的任务，取得了很大的成功。撰写了《论十大关系》《关于正确处理人民内部矛盾的问题》等，首次揭示社会主义社会的基本矛盾，提出社会主义建设的阶段性、长期性和曲折性，提出国民经济建设要以"农、轻、重"为顺序的思想，提出消灭了资本主义之后还可以搞一点资本主义，要发展商品生产和商品交换，重视价值规律的作用，提出文化界"百花齐放，百家争鸣"的发展方针，提出向外国学习的口号，但不能照抄照搬等。特别需要指出的是，毛泽东的社会主义社会基本矛盾学说，是中国特色社会主义体制改革理论的直接思想来源和理论基础，在当下具有重要指导意义。毛泽东特别强调"独立自主、自力更生"，早在1959年就确立了"自力更生为主，争取外援为辅"的建国方针，语重心长地指出"什么事靠别人是靠不住的，中国的建设，必须靠自己的志气和干劲"。正是有了这种指导思想，我们才战胜了帝国主义、修正主义的破坏、限制，做到石油全部自给，造出原子弹，建成世界第六工业大国，实现了历史性转变。当下21世纪，经济全球化浪潮进一步加剧，国际间交往互动日益频繁，但竞争也更加剧烈，尤其是核心技术竞争，各国都加大研发和保密力度。唯有提高自主创新能力，才能不受制于人，在竞争中立于不败之地。

中国社会主义建设道路的沉痛教训。成功经验是贡献，可供人借鉴。探索过程中的沉痛教训也是经验，可供他人引以为戒，少走弯路。由于认识和实践的局限，毛泽东在实现中国梦的过程中，也出现了迷误和偏颇。毛泽东晚年脱离了实事求是的思想路线，对基本国情和时代主题的判断有偏差，忽视经济发展客观规律，急于求成，以及党的自身建设发生了"左"的严重失误。① 如建立"一大二公""政社合一"的人民公社，不切实际地实行"吃饭不要钱"等"按需分配"政策。由于这些政策脱离中国的国情和不顾中国的国力，过高地估计了当时人民群众的道德素质和社会财富，违背了社会发展规律，对生产力造成了极大的破坏。后来长达十年的"文化大革命"又严重破坏了社会的和谐安定，阻碍了经济发展和社会进步，对人民群众的价值观也造成了巨大的冲击。② 以史为鉴，可以少犯错误，我们只有吸收这些沉痛教训，戒骄戒躁，才能朝着民族复兴大道而奋斗。

---

① 管廷莲. 毛泽东对中国社会主义建设道路探索的重大贡献. 中共浙江省委党校学报，2001（3）.
② 毕剑横. 毛泽东与中国梦. 毛泽东思想研究，2013（6）.

认识论视角下大学生廉洁教育有效开展的
障碍及对策分析

　　摘　要：马克思主义认识论是重要的方法论。正确的认识，往往需要经过实践与认识之间的多次反复。要努力实现师生对大学生廉洁教育的理性认识，在此基础上优化完善条件，促使理性认识对实践的指导，推动大学生廉洁教育工作的高效开展。具体对策是要提高师生对大学生廉洁教育的认同性，切合高校和大学生自身实际开展，坚持自我开展与融入开展相结合的方法。

　　关键词：认识论；大学生；廉洁教育；障碍；对策

　　从 2005 年中央颁布《建立健全教育、制度、监督并重的惩治和预防腐败体系实施纲要》之后，教育部于 2007、2008 年相继出台了关于加强大学生廉洁教育的文件，虽收到较好效果，但多年过去，有些高校对大学生廉洁教育的认识减淡，有些工作流于表面，学生接受效果不高。究其原因，主要是一些师生对大学生廉洁教育的认识还停留在感性认识层面。基于此，本文从马克思主义认识论的视角对大学生廉洁教育工作进行审视和分析，对大学生廉洁教育有效开展的障碍及对策做一探讨。

　　一、理论依据：马克思主义认识论的"两次飞跃"

　　马克思主义认识论是马克思主义哲学的重要组成部分，是关于认识的本质、来源、发展过程及其规律的科学理论。它讲的是如何认识事物及改造事物，是重要的方法论。马克思主义认识论认为，认识对实践具有重要的反作用，正确的认识会指导实践，使实践顺利地进行，达到预期的效果；错误的认识指导实践则相反。

真理往往需要经过实践与认识之间的多次反复才能找到。马克思主义认识论认为，认识的辩证过程，首先是实践到认识的过程，其中先有感性认识，再有理性认识。这就是认识的第一次飞跃。感性认识指"生动的直观"，理性认识指"抽象的思维"。第一次飞跃是实现理性认识向实践飞跃的基础，是认识过程中的质变，通过现象达到本质从而获得规律性认识。从感性认识过渡到理性认识，需具备两个基本条件：一是获取十分丰富和合乎实际的感性材料，二是经过理性思考。

认识过程的第二次飞跃是从认识到实践。它是认识指导实践的过程，使认识物化、对象化，从而达到改造世界的目的。实践是认识的目的。认识世界是为了改造世界。实现第二次飞跃，要满足四个条件：一是坚持从实际出发；二是要经过一定的中介环节；三是要掌握理论；四是要有正确的方法。

人们对事物的认识，要从实践到认识，再从实践到认识，如此实践、认识，再实践、再认识，一步步地深化、提高。大学生廉洁教育要实现有效的开展，必须促使师生的认识实现"两次飞跃"。

二、现状分析：大学生廉洁教育有效开展的主要障碍

如前文所述要实现认识的"两次飞跃"，必须满足一定的条件。对照现阶段大学生廉洁教育的开展情况，我们发现，一些条件没有较好地满足，一定程度上影响了"两次飞跃"的实现。

（一）部分师生对大学生廉洁教育没有形成"理性认识"

理性认识是指人们借助抽象思维，在概括整理大量感性材料的基础上，达到关于事物的本质、全体、内部联系和事物自身规律性的认识。[1] 从目前的现象看，仍有部分师生对大学生廉洁教育的认识还停留在感性认识上。个别老师认为廉洁教育可有可无，与专业课比起来无关紧要；有些大学生认为自己现在不是政府职员，将来也没打算做官。因此廉洁教育与自己无关、不用学；有些大学生则认为自己可以管好自己，不需要接受廉洁教育；还有些大学生认为，

---

[1] 本书编写组. 马克思主义基本原理概论. 北京：高等教育出版社，2009：68.

廉洁教育是反腐教育，从内心就排斥、抵制它等。这些都是对廉洁教育的不正确认识，严重影响了廉洁教育的有效开展。

（二）与高校和学生的切合度、匹配度不强

坚持从实际出发，是认识过程中第二次飞跃的前提条件。反腐主要指政党和国家开展的，为了自身建设发展而进行的一项具有积极意义的活动。但有些高校开展大学生廉洁教育，直接套用政府机关开展反腐倡廉建设的措施，直接套用其他企事业单位的做法，没有结合高校和学生自身实际，工作难以开展，学生也不易接受。有的高校在对上级相关文件政策的执行上，缺乏应有的调整和完善，按部就班地"照本本"执行，学生接受效果也不理想。问题在于，没有较好地结合高校及学生自身实际，与高校和学生的切合度、匹配度不强。

（三）缺少切实可行、行之有效的方法

要实现认识的第二次飞跃，必须要有正确的实践方法即工作方法。目前各高校在开展廉洁教育方面，探索出一些方法，取得了一定的实效。如湖南大学的"五推进"高校廉洁教育模式：推进廉洁教育进课堂，推进廉洁教育进校园文化活动，推进廉洁教育进日常教育管理服务，推进廉洁教育进实践育人环节，推进廉政理论研究工作。同济大学坚持"四个纳入"，把反腐倡廉教育纳入党委宣传教育和校园文化建设总体部署、纳入各级党委理论学习中心组的学习内容、纳入党校干部培训课程、纳入学生培养体系。但随着信息社会的发展，网络成为大学生学习、生活的重要场所，在拓展廉洁教育的空间，利用计算机网络、多媒体技术开展廉洁教育的力度还不够。此外，有些高校为迎接上级检查，临时做一些表面工作，使廉洁教育留在表面，走形式。这些严重影响了认识第二次飞跃的实现。

三、解决办法：大学生廉洁教育有效开展的对策

基于对大学生廉洁教育实现认识"两次飞跃"条件及开展障碍的分析，我们要进一步优化现有条件，完善不成熟条件，找准大学生廉洁教育有效开展的对策。

（一）提高师生对大学生廉洁教育的认同性

重视程度和工作的有效开展密切相关。在当下，领导重视，工作的开展就

有保障。领导不重视，工作就很难开展。作为接受主体的大学生，如果对廉洁教育有正确的认识，就会产生积极的接受心理；反之，则会产生消极的接受心理。大学生廉洁教育意义重大。小到个人、集体，大到民族、国家都有重要意义。但有些师生对于廉洁教育的认识还仅仅停留在感性认识上。对此我们要努力促成由感性认识向理性认识的飞跃，提高他们对大学生廉洁教育的认同性。

在大学生廉洁教育重要性的认识上，我们认为随着市场经济的推进、改革开放的深化及执政党自身建设的迫切需要，反腐倡廉越来越重要。党的十八大指出，"这个问题解决不好，就会对党造成致命伤害，甚至亡党亡国"，要求"坚持标本兼治、综合治理、惩防并举、注重预防方针"。大学生是国家未来的建设者和接班人，其廉洁素质关乎民族和国家前途和命运。

对照尽可能多地占有丰富和真实的感性材料，并对感性材料进行科学的分析，透过现象看本质，这两个实现条件，我们要努力促成师生对廉洁教育的理性认识，提高师生对廉洁教育的认同性。重点要做好以下工作：一是要用多种方式、渠道向师生呈现大量鲜活的与大学生相关的腐败事例。如学术造假、无故延期还贷、考试作弊、证书造假等。这些发生在大学生身边的事例，让其感到廉洁就在自己身边。二是努力营造廉洁氛围。通过宣传栏、张贴栏、黑板报、横幅等载体，展示廉洁名言警句，积极营造廉洁氛围。三是抓好讲解。利用思想政治理论课、党课、党团组织生活会、班会等向学生讲解大学生廉洁教育的重要意义，指出一些大学生存在的侥幸心理、不劳而获的不良思想，大学生自身抵御外界诱惑能力不强、反腐心理防线没筑牢等原因，促使大学生对廉洁教育的意义及腐败产生的原因及危害有深刻的认识。

（二）切合高校和大学生自身实际开展

一切从实际出发，是实事求是的最主要的内容和最根本的要求，是实事求是的基本前提。① 那是因为，实际事物是具体的，而理论是对实际事物研究、抽象的结果，不能成为研究问题和作决策的出发点，出发点只能是客观实际。一切从实际出发要求在认识事物、解决问题时，从不以人的主观意志为转移的

---

① 结合实际，谈谈坚持从实际出发，实事求是的意义？ http://zhidao.baidu.com/question/37661003.html.

客观实际出发，对待现成的、已有的经验进行有针对性的分析、甄别，并结合现有的条件、状况进行实施。

大学生廉洁教育必须结合高校和大学生实际开展。一是把握好高校自身特征。高校，也称大学，泛指对公民进行高等教育的学校，显然高校是最高层次教育的机构。大学是尊重知识、崇尚创新的学术殿堂。在此认识的基础上找准与廉洁教育的切合点，开展大学生廉洁教育。二是结合高校育人实际。培养人才是高校的重要职能。"育人为本，德育为先"。培养人才不单是传授学生知识，还要教会学生做人做事的道理，正所谓"为学先为人"。三是结合大学生身心特点。大学生作为教育的接受主体，在一定程度上决定着教育效果。大学生愿意接受，其教育效果就明显；反之，则教育效果不理想。因此，一定要结合大学生的身心特点和需求，采取易于接受的方式开展。

（三）坚持自我开展与融入开展相结合的方法

马克思主义认识论认为，要使理论成为群众的自觉行动，必须采取正确的实践方法即工作方法。廉洁教育不是一项一劳永逸、一蹴而就的工作，它需要长期开展、常抓不懈。基于此，廉洁教育的长效开展具有一定的艰巨性和挑战性。如同人类社会发展一样，个体生活走向群居生活，这样个体在集体中更具生命力。大学生廉洁教育要想具有永久的生命力，应坚持自我开展与融入相结合的方法。

自我开展是自己单独开展，举起自己的"大旗"。一是加强反腐倡廉基本理论教育，帮助大学生认清什么是腐败、有何危害，大学生离腐败有多远，什么是廉洁、廉洁的重要性，大学生如何保持廉洁等基本理论问题。二是开展大学生廉洁教育系列活动。组织党员重温入党誓词，举办廉洁教育座谈会，邀请学者专家作廉洁教育报告，开展廉洁教育专题党团组织生活会，观看廉洁教育影视资料等多种形式，帮助大学生树立正确的廉洁观。针对当前大学生学术造假行为屡屡曝光等现象，开展学术道德主题教育活动。针对大学生考试作弊等不良现象，在大学生党员中开展诚信考试签名和佩戴党徽参加考试活动。

其次是融入开展。将廉洁教育融入校园文化建设、学生日常管理、党员教育，把廉洁教育与课程教学、党团活动、主题实践活动相结合，努力形成校党委统一领导，纪检监察、宣传教育、学生工作、团委等部门各司其职，广大师生共同参与的工作格局。只有这样，大学生廉洁教育才能植根于肥沃土壤，拥有强大的生命力。具体做法是坚持"四进"：一是廉洁教育进课堂，在思想政治理论课中单列一定学时的专题教学，组织授课经验丰富的教师撰写教案、制作多媒体课件，安排领导干部为入党积极分子、学生党员讲授廉政党课。二是廉洁教育进校园文化，坚持每年开展1－2项富有特色的大学生廉政文化活动。如举办大学生廉政故事创作大赛、廉政书签设计大赛、廉政漫画创作大赛、廉政箴言创作大赛等。三是廉洁教育进社会实践，坚持把大学生廉洁教育与大学生暑期"三下乡"、青年志愿者服务等社会实践活动结合起来，开展"廉政建设现状调研"大学生暑期社会实践活动；组织大学生到法院参加庭审旁听、到市廉政教育基地参观。四是廉洁教育进网络。学校要结合校情实际，建立专题网站，开辟廉洁教育栏目，精选健康向上、具有教育意义的作品供大学生观看、学习。学校政工教师和学生干部定期上网，关注、引导网络舆情。

浅析大学生思想政治教育如何应对西方
社会思潮的影响

摘　要：极具隐蔽性的西方社会思潮，冲击着马克思主义的指导地位，迷惑着大学生的价值取向，降低了思想政治教育的实效。为应对西方社会思潮的冲击，大学生思想政治教育要以理想信念教育为引领，认清西方社会思潮的本质；以立体化平台建设为推动，扩大巩固思想政治教育阵地；以方式方法革新为抓手，提高思想政治教育实效；以正确对待、知行合一为验证，做实思想政治教育评价。

关键词：社会思潮；大学生；思想政治教育；挑战；革新

一、当代西方社会思潮对大学生思想政治教育的挑战及原因

1. 当代西方社会思潮对大学生思想政治教育的挑战。一是冲击着马克思主义的指导地位。西方社会思潮对大学生思想政治教育的冲击和影响是多方面的。"冷战"告诉我们，资本主义不希望世界出现一个社会主义的强国，不希望中国的伟大复兴。1990 年，西方国家炮制了包括十项政策工具的"华盛顿共识"，积极推行"颜色革命"，达到"和平演变"其他国家的目的。"和平演变"的前提就是要从意识形态上摧垮对方。西方国家"西化""分化"中国的图谋一刻也没有停止。西方社会思潮在中国的传播，冲击着马克思主义的指导地位。二是迷惑着大学生的价值取向。西方社会思潮中隐含的话语霸权通过其"生产—渗透—认同"机制，淡化了大学生对主流意识形态的认同，使其思想、行为呈

现"西化"倾向。① 有的学生在市场经济的浪潮中，沉迷对金钱的追求，出现拜金主义现象；有的学生在自由主义、历史虚无主义的影响下，沉迷对物欲和刺激的追求。部分大学生在西方社会思潮的影响下，渐渐消磨了自己的理想追求，对马克思主义失去信心，但又不知何去何从，出现价值取向迷茫现象。三是降低大学生思想政治教育的实效。西方社会思潮在校园的传播，一定程度上增大了思想政治教育开展的难度，有些大学生在西方社会思潮中找到了他们自以为是的"指导思想"，作为自己的思想武器，从内心甚至是行动上抵制思想政治教育。从事思想政治教育的工作者也受西方社会思潮的影响，对思想政治教育工作的认同度和责任心有所降低或减少，这大大降低了大学生思想政治教育的实效。

2. 产生挑战的原因分析。一是传统思想政治教育重视知识传授，而运用知识指导实践能力不足。在思想政治教育中，受传统教育思想影响，教育者往往将思想政治理论作为知识向学生进行传授，而指导学生将理论作为武器来指导实践并培养学生的分辨能力和抵抗能力却不足。而大学生也将思想政治理论作为知识记忆和背诵，没有掌握理论知识强大的指导作用。当西方社会思潮以"崇尚自由、追求个性""普世价值"等华丽外衣展现在大学生面前时，由于他们缺乏足够的分辨能力和抵抗能力，就毫无取舍地作为自己的价值追求和行为准则。二是传统思想政治教育重视理论说教，而实践教育不足。多年来，传统的教育方式注重理论教育，忽视实践锻炼。无论是思想政治理论课教师，还是政治辅导员都习惯向大学生传授相对空洞、乏味的理论，有时甚至是一些大学生反感的"大话""套话"。实践出真实，由于实践教育不足，大学生常以感性的思维去考虑问题，缺乏理性的思维方式去考虑问题、分析事物。大学生以感性方式认识西方社会思潮，看到的仅是表面现象，自然难以发现其本质。三是传统思想政治教育呈现教条化，而生活化不足。长期以来，思想政治教育在一定程度上存在着与社会生活相脱节的教条主义、形式主义倾向。② 思想政治教育的工具理性表现得异常明显，成为服务政治、经济、文化的工具，对受教育

---

① 王翠华. 当代社会思潮对大学生思想政治教育的冲击及应对策略. 法制与社会，2009（8）.
② 陈兰荣，张震. 关于高校思想政治教育生活化的思考. 教育与职业，2006（21）.

者个性和生活化需要关注不足。虽然时代已经发生巨大变化，但在实际工作中大学生思想政治教育的内容、手段、目标大都没有结合当下实际，结合大学生生活进行变革，呈现出思想政治教育教条化倾向。这必将导致大学生对思想政治教育产生一定的疏离感甚至逆反情绪。而相比之下，西方社会思潮某些特征切合了大学生的心理需要，并在大学生的日常生活中潜移默化地影响着他们的价值取向。

二、大学生思想政治教育应对西方社会思潮挑战的创新

1. 以理想信念教育为引领，认清西方社会思潮的本质。在应对西方社会思潮时，大学生思想政治教育要以理想信念教育为引领，其他教育内容要服从服务于理想信念教育。在思想政治教育中，要站在学生立场，坚持马克思主义的价值追求。马克思主义的立场，就是始终站在人民的立场上。思想政治教育工作者要站在大学生的立场上，去思考问题，开展工作，将马克思主义人学理论、人类社会发展规律论中的观点向学生讲授，让学生知道马克思主义强调人的主体性的发挥、个性的发展以及社会关系的丰富。同时，将马克思主义价值论的思想贯彻到具体的工作中，重视学生的价值，注重人文关怀，真正做到"以学生为本"，发挥学生的作用，满足学生的利益，让学生从内心产生对马克思主义的认同和信任，进而坚定共产主义理想信念。同时，在坚信马克思主义的基础上，指导学生分析西方社会思潮的本质。比如一些西方国家在世界推广"普世价值"，实质上只是要推行资本主义式的甚至是某国式的"自由、平等、民主、人权"，而没有考虑其他国家实际及人民的感受。①

2. 以立体化平台建设为推动，扩大巩固思想政治教育阵地。知识、思想的传播需要载体。西方社会思潮在高校与大学生思想政治教育争夺载体、阵地。思想政治教育唯有不断扩大自己的载体和阵地，实现"课堂上下结合，校园内外结合，网上网下结合"，缩小西方社会思潮传播阵地。因此，要积极构建"课堂—校园—实践—网络"的立体化思想政治教育平台。在课堂上，要注重对学生疑惑的解答，并依此为突破口，讲解思想政治理论知识。在校园文化建设中，

---

① 傅吉奎. 用马克思主义立场观点方法认识意识形态问题. 解放军报，2013 – 11 – 05.

以社会主义核心价值体系为引领，注重展现中华优秀传统文化因子。在社会实践中，教育者要及时解答学生对社会不良现象产生的困惑，做好过程中的指导。在网络阵地中，要集成网络教育资源，营造健康向上的校园网络氛围。构建"学生组织—勤工助学岗位—实习实训岗位"的层次化大学生自我教育平台。大学生思想政治教育要充分结合大学生实际，发掘学生自我教育、自我管理、自我服务的能力，在教育者的指导下，让大学生主动去认识社会，体验社会，增强对现实社会的理性认识，提高认识问题、解决问题的能力。

3. 以方式方法革新为抓手，切实提高思想政治教育实效。实现方式方法的生活化。思想政治教育唯有生活化才能改变僵化、老套的教育方式，实现马克思主义人本论的回归。因此，大学生思想政治教育的方式方法要贴近生活，融入生活，注重人文关怀，尊重学生的主体性，满足学生正当需要。利用情境教育法，创设贴近生活实际的"道德情景"，使大学生自觉接受教育；利用心理咨询法，及时解决学生心理问题，满足学生对心理认知的需要；利用榜样教育法，评选优秀学生，营造良好氛围。应实施分层教育。思想政治教育的分层教育，就是在坚持实事求是、具体问题具体分析的原则上，从教育对象的特点出发，根据受教育者不同思想状况、个体差异，区别对待、因材施教，分层次进行思想政治教育。应注重隐形教育。尝试利用适合青年学生的特点、贴近生活实际的方式，积极运用生动活泼的语言开展思想政治教育，达到寓教于乐、寓教于行。

4. 以正确对待、知行合一为验证，做实思想政治教育评价。思想政治教育效果如何，评价是关键。在思想政治教育应对西方社会思潮冲击问题上，大学生要能够正确对待西方社会思潮，认清其本质，并做到知行合一是检验评价思想政治教育成效的标准。只有做到"正确对待、知行合一"，才真正落实思想政治教育评价。所谓正确对待，就是大学生能客观、理性地认识西方社会思潮存在的历史条件、本质、目的。教育者要培养大学生的国际视野，利用发生在其他国家的政治变革事例，讲解西方社会思潮所隐藏的真正目的。同时，引导学生认清我国社会主义道路的选择及当下社会主义初级阶段的实际，正确理解目前出现的社会问题。"知行合一"，即人的认知和实践相一致。大学生能正确认清西方社会思潮本质，坚持马克思主义，树立共产主义信仰，并在学习生活中积极践行，这是思想政治教育所要努力实现的理想效果。教育者要激发大学生的社会责任感和担当意识，促使大学生树立远大理想和养成脚踏实地的奋斗精神。

大学生形势与政策教育发展阶段分析

摘　要：文章以两次课程化建设为主线，将新中国成立以来大学生形势与政策教育的历史大致分为初步探索、第一次课程化建设、重大挫折、第二次课程化建设以及科学规范五个阶段加以考察。

关键词：大学生；形势与政策教育；阶段

大学生形势与政策教育始终与新中国的建设和发展息息相关，与共和国同呼吸、共命运，走过了60多年不平凡的发展道路，经历了两次课程化建设（其中，第一次课程化建设发生在20世纪50、60年代，第二次发生在20世纪80年代），最终发展为当今较为成熟的学科教育模式。当然，大学生形势与政策教育的课程化并非一蹴而就，也不是一帆风顺的，其间，经历了较长时间的不规范的发展时期，甚至出现过严重的历史倒退（1966－1976年）。有鉴于此，笔者对其发展阶段进行梳理。

一、初步探索时期（1949－1955年）

这段时期对于形势与政策教育的开展主要通过社会政治运动和进行时事政治学习的方式进行。新中国诞生后，内外交困，百废待兴，面临着一系列严峻的国际国内形势。为了继续完成反帝反封建的革命任务，顺利实现从新民主主义向社会主义的过渡，中国共产党先后开展了土地改革、抗美援朝、镇压反革命以及"三反""五反"等政治运动，各地高校为了响应党的号召，也通过各种社会改革运动，在大学生中展开了相应的形势与政策教育。

这一时期，关于高校形势与政策教育的主要文献资料是1950年10月教育部《关于全国高等学校暑期政治课教学讨论会情况及下学期政治课应注意事项的通报》。《通报》提出了今后全国高校推行政治思想教育的"三个重点"和"三项规定"。此外，在教育部 1951 年 9 月 10 日做出的《关于华北区各高等学校 1951 年度上学期进行"辩证唯物论与历史唯物论"等课教学工作的指示》中，也提到了形势与政策教育，其最后一项（即第七项）规定："时事学习委员会"的组织仍予保持并应加强，在教务长的领导下，负责计划组织时事政策的学习，结合社会政治运动，解决学生对时事政策方面的一般思想问题。① 1955 年 4 月 25 日，时任国家高等教育部副部长的刘子载同志在高等工业学校、综合大学校院长座谈会上发言，认为必须改进和加强对学生的政治思想教育工作，贯彻全面发展的教育方针，建议在课外活动中建立经常的时事教育制度，以提高其思想性，加强与课内教学活动的配合和联系，这一倡议和相关的制度基本上固定了下来，成为对大学生进行形势与政策教育的常规模式。

二、第一次课程化建设时期（1956－1965 年）

在全面建设社会主义的最初十年里，尤其是进入 20 世纪 60 年代以后，我国大学生形势与政策教育在课程化建设方面经历了一段难能可贵的探索，为这门课程以后的科学化、规范化打下了坚实的基础，提供了宝贵的经验。1958 年 4 月，教育部政治教育司在《对高等学校政治教育工作提出的几点意见（草稿）》中建议，对党的重要方针、政策、任务，毛主席的著作和国内外重大时事，应当占用政治课的正课时间及时进行教学。② 由此可见，教育部政治教育司将高校的形势与政策教育纳入正式课堂，使之规范化、常态化。然而，由于受"左"的思想的影响，教育被视为阶级斗争的工具，为了响应毛泽东"教育必须为无产阶级政治服务，必须同生产劳动相结合"的号召，政教司的这一建议也没有得到重视和采纳。

1961 年，中共中央印发了《中华人民共和国教育部直属高等学校暂行工作

---

① 教育部社会科学司组. 普通高校思想政治理论课文献选编（1919－2008）. 北京：中国人民大学出版社，2008：10.
② 教育部社会科学司组. 普通高校思想政治理论课文献选编（1919－2008）. 北京：中国人民大学出版社，2008：33－34.

条例（草案）》，这就是著名的"高教六十条"。"高教六十条"规定："高等学校各专业都必须加强政治理论课程的教学，指导学生认真学习马克思列宁主义、毛泽东著作，学习国内外形势和党的方针政策，进行共产主义道德、品质的教育。"（第十条）大学生形势与政策教育终于迎来了发展史上的第一个春天。

1961 年 4 月，中央教材编选计划会议制定了《改进高等学校共同政治理论课教学的意见》，提出将"了解党的路线、方针、政策"作为政治课的教学任务之一，建议设"形势与任务课为各专业、各年级的必修课程（主要内容是讲解国内外形势、党和国家的任务、方针、政策）"，其教学方法主要是"向学生做报告和组织学生阅读文件，并辅之以座谈和讨论"。[1] 1964 年 10 月，中央宣传部、高教部党组、教育部临时党组联合下发了《关于改进高等学校、中等学校政治理论课的意见》（中发〔64〕650 号），再次强调今后高等学校的共同政治理论课必须"继续开设《形势与任务课》"，其内容是阅读和讲解当前重大政策文件、报刊的重要社论和反对现代修正主义文章，并要求学校党委负责同志要经常做报告。[2] 据此可知，我国高校曾经短暂地将形势与政策教育从课外活动纳入正式课堂，并且不是增设为其他政治理论课的教学内容，而是单独行课，课程的名称为"形势与任务课"。

三、重大挫折时期（1966 – 1976 年）

1966 年到 1976 年的"文化大革命"是新中国历史上一场史无前例的浩劫，在这场长达十年的大劫难中，我国的教育事业遭受了巨大挫折，高等教育更是重灾区。

在这极不正常的十年里，系统的课堂教学早已荡然无存，取而代之的是各种批判式的政治运动，如整党建党运动、批林批孔运动、学习无产阶级专政理论运动、评论《水浒》教育革命大辩论运动、批邓反击右倾翻案风运动等。十年的"文化大革命"对我国教育事业的破坏是非常严重的，"不仅造成科学文化

---

① 教育部社会科学司组 . 普通高校思想政治理论课文献选编（1919 – 2008）. 北京：中国人民大学出版社，2008：41 – 42.

② 教育部社会科学司组 . 普通高校思想政治理沦课文献选编（1919 – 2008）. 北京：中国人民大学出版社，2008：51.

的教育质量惊人下降，而且严重地损害了学校的思想政治教育，败坏了学校纪律，腐蚀了社会主义社会的革命风气"。在这种极不正常的政治空气下，通过五花八门的政治运动，大学生形势与政策教育表面上搞得轰轰烈烈、如火如荼，实际上却严重背离了形势与政策教育的初衷，给党、国家和全国各族人民带来了深重灾难。

四、第二次课程化建设时期（1977－1989 年）

粉碎"四人帮"以后，高等教育获得了重生，高校的思想政治教育也正常开展，形势与政策教育也逐渐转入正轨，并由此进入漫长而曲折的第二次课程化建设时期。

1980 年 4 月 29 日，教育部、共青团中央联合发布了《关于加强高等学校学生思想政治工作的意见》，提出要"系统地对学生进行形势与任务的教育，进一步肃清林彪、'四人帮'在思想上的流毒，把大家的思想统一到党的政治路线、思想路线和组织路线上来，统一到党中央的一系列重大决策上来。"① 这是改革开放新时期国家明确要求对大学生进行形势与政策教育的第一份正式文件，是改革开放后高校形势与政策教育的新起点。1982 年 10 月 9 日下发了《关于在高等学校逐步开设共产主义思想品德课程的通知》，明确要求"形势任务教育和思想品德课可利用每周一次的思想政治教育时间，平均每周两学时，具体内容由各校根据情况统筹安排"。② 1986 年 7 月 9 日，中共中央宣传部、国家教育委员会联合发布了《关于对高等学校学生深入进行形势政策教育的通知》，指出，请各省、自治区、直辖市宣传、教育部门和高等学校及时了解学生的思想动态，采取暑期社会实践汇报会、回乡见闻座谈会、省市有关负责同志和学生座谈、报告等方式，有针对性地进行形势政策教育。③ 1987 年 10 月 20 日，国家教育

① 教育部社会科学司组．普通高校思想政治理论课文献选编（1919－2008）．北京：中国人民大学出版社，2008：80－81．

② 教育部社会科学司组．普通高校思想政治理论课文献选编（1919－2008）．北京：中国人民大学出版社，2008：92．

③ 教育部社会科学司组．普通高校思想政治理论课文献选编（1919－2008）．北京：中国人民大学出版社，2008：115．

委员会发布《关于高等学校思想教育课程建设的意见》，明确规定：将《形势与政策》和《法律基础》两门课程设置为大学生思想教政治教育的必修课。1988年5月2-4日，国家教育委员会颁发了《关于高等学校开设形势与政策课的实施意见》，就"形势与政策"课的性质和任务、教学内容、教学原则、教学安排等作了具体的实施意见。这是我国高校形势与政策教育的第二次课程化建设，其确立过程较之第一次显得更加艰辛和漫长，但一旦确立，步子也迈得更加坚实、稳健。

五、科学规范时期（1990年至今）

1996年10月7日，国家教育委员会下发《关于进一步加强高等学校＜形势与政策＞课程建设的意见》。《意见》进一步明确了形势与政策课的性质和重要地位，提出了改革高校形势与政策教育的内容、途径和方法，规范课程教程教学管理体制，加强党对学校形势与政策教育工作的领导等基本要求，为各级各类学校对大学生形势与政策教育的改革提供了明确的依据。

1998年6月10日，中共中央宣传部、教育部联合印发了《关于普通高等学校"两课"课程设置的规定及其实施工作的意见》，即"两课"改革98方案。该《意见》将形势与政策纳入"两课"体系，明确规定各层次各学科的学生都要开设形势与政策课，并实行学年考核制度，纳入学籍管理。"98方案"的制定、颁布和实施，标志着高校形势与政策教育的科学化、规范化得到了进一步发展。

2004年8月26日，中共中央、国务院下发了《关于进一步加强和改进大学生思想政治教育的意见》，即中央16号文件，将形势与政策定位为"思想政治教育的重要内容和途径"，要求建立大学生形势与政策报告会制度，定期编写形势政策教育宣讲提纲，建立形势政策教育资料库；规定国家机关和地方党政负责人要经常为大学生做形势报告，学校要紧密结合国际国内形势变化和学生关注的热点、难点问题，制定形势政策教育教学计划，认真组织实施。同年11月17日，中共中央宣传部、教育部联合发出《关于进一步加强高等学校学生形势与政策教育的通知》。《通知》指出，按平均每学期16周，每周1学时计算，本科四年期间的学习计两个学分，专科期间的学习计1个学分；同时，还要求高校积极探索新形势下开展形势与政策教育的新方式和新途径，努力做到系统讲授与形势报告、专题讲座相结合，请进来与走出去相结合，课堂教学与课外讨论、交流相结合，正面教育与学生自我教育相结合。

2005 年 2 月 7 日，中共中央宣传部、教育部联合发布《关于进一步加强和改进高等学校思想政治理论课的意见》，进一步完善了高等学校思想政治理论课的课程设置，规定形势与政策课与马克思主义基本原理等四门必修课同时开设，形成结构合理、功能互补、相对稳定的课程体系。3 月 9 日，中共中央宣传部、教育部联合出台了关于该《意见》的实施方案，简称"05 方案"，规定本、专科学生都要开设"形势与政策"课，本科 2 学分，专科 1 学分。形势与政策课的地位和作用再次得以彰显。

如今，随着马克思主义理论一级学科及所属的二级学科的建立，全国大多数高等院校已经成立了独立的思想政治理论课教学科研部门，专门承担大学生的思想政治教育教学和研究工作，形势与政策教研室也是其中一个重要的组成部分，高校形势与政策教育以更加坚实和沉稳的步伐走向了规范化、科学化的发展道路。

大学生《形势与政策》教学研究现状综述

摘　要：《形势与政策》课程面对新形势、新问题，积极探索教学的新思路、新方法，从课程管理体制、教学内容、教学模式、教学评价及教师队伍建设等方面开展研究和实践探索，为形势与政策教育注入新的生机和活力，实现课程教学的科学化、规范化。

关键词：形势与政策；教学；现状

形势与政策教育是高等学校学生思想政治教育的重要内容，在大学生思想政治教育中独具特色，举足轻重。加强形势与政策的教育学习，有助于大学生理解党和国家的路线方针政策，客观科学地看待形势变化和社会发展，有助于培养造就社会主义事业的合格建设者和可靠接班人。大学生《形势与政策》课程教学是形势与政策教育的主渠道、主阵地，文章对《形势与政策》课程教学研究现状做一梳理。

一、研究的背景

自 1987 年教育部首次将《形势与政策》课程设为高校思想政治教育的必修课列入大学教育全过程以来，形势与政策教育的学科定位、教学原则、课时设置、教学安排、授课形式、考评规则、师资建设、经费支持等问题在全国高等院校早已得到普遍的贯彻落实，形成了独特的"三结合"教育模式，即专职教师与兼职教师相结合、理论教学与实践教学相结合、课堂教育与课外教育相结合。可以说，经过二十多年的建设和发展，我国高校的形势与政策教育已经初具规模，为培养一代又一代优秀的社会主义事业的接班人和建设者做出了不可磨灭的贡献。然而，多年来的教学实践和教学效果表明，形势与政策课在师生心目中的认可度其实并不很高，属于比较边缘化甚至可有可无的学科。进入 21 世纪后，随着互联网的普及，学生获取信息的方式和渠道更加多元、畅通和便捷，这门课程的边缘化趋势就更加明显和突出，面临着严峻挑战。不仅如此，作为受教育者的新一代大学生，他们都出生于改革开放以后相对宽松的社会环境里，且大多是独生子女，思维活跃、个性张扬、特立独行，这也给形势与政策教育提出了许多新课题和新要求，这就要求我们正视新形势、新问题，积极探索新思路、新方法，不断发展和创新高校形势与政策教育模式，为形势与政策教育注入新的生机和活力，进一步开创大学生思想政治教育的新局面。

2004 年 8 月，《中共中央国务院关于进一步加强和改进大学生思想政治教育的意见》（中发〔2004〕16 号，即中央 16 号文件）出台，对新形势下高校思想政治理论课程的建设和改革做出了重大决策并对形势与政策教育的改革进行具体部署，要求建立大学生形势政策报告会制度，定期编写形势政策宣讲提纲，建立形势政策教育资源库。与此同时，中宣部、教育部发布了《关于进一步加强高等学校学生形势与政策教育的通知》（教社政〔2004〕13 号），再次强调了大学生形势与政策教育的重要意义，明确了"形势与政策"课的课程地位、指导思想、教学内容、教学管理等，并强调要加强高等学校形势与政策教育研究工作。自此，关于大学生形势与政策教育和高校"形势与政策"课的研究开始蓬勃兴起，相关的学术研究成果也是蔚为大观，占 1994 年以来全部研究成果的 86% 以上。

为了深入贯彻落实中发〔2004〕16 号（中央 16 号文件）和教社政〔2004〕13 号两个文件精神，自 2007 年到 2008 年，教育部社科司和中宣部时事报告杂志社联合在全国高校开展了形势与政策教育教学优秀论文征集活动。征文集中反映了全国高校形势与政策教育教学工作的状况和取得的显著成效，并从课程建设的不同方面总结了形势与政策教育教学的成功经验。这次征文活动极大地推进了当前高校形势与政策教育教学的研究与探讨。

2011 年 5 月，全国高校"形势与政策"课分教学指导委员会在北方工业大学举办了一场全国高等学校"形势与政策"课建设与教学研讨会，会议的主题是总结交流经验，研讨形成共识，深化课程建设，增强教学实效。这次会议总结了全国高校多年来在大学生形势与政策教育中取得的成绩，指出形势与政策课与其他思想政治理论课相比有两大特点：一是教学内容动态性强，二是教学任务十分艰巨；会议还分享了各地的成功经验，指出了当前形势与政策教育中存在的普遍问题，进一步凝聚了共识，那就是：必须以改革创新的精神不断探索形势与政策教育的特点和规律，在教学体制机制、教学内容方法、教学模式等方面深入研究，不断创新。

二、研究现状综述

1. 从总体上把握《形势与政策》课改。谭来兴、刘社欣在《"形势与政策"课教学改革的实践与思考》中指出，必须在教学内容、方法和手段等方面进行改革。就教学内容而言必须凸显其现实性、保持其连续性并将稳定性与创新性相结合；就教学方法而言，要做到"四结合"，即系统的课堂讲授与重大事件的教育相结合、系统的课堂讲授与专家讲座相结合、教师讲授与学生主动参与相结合以及课堂讲授与社会实践相结合；就教学手段而言，要实现课堂教学多媒体化、充分发挥电化教学的作用和利用信息网络进行教学等。郭瑞燕、闫海玉在《<形势与政策>课"2+1"教育教学模式的探索与实践》中指出，"形势与政策"课"2+1"模式从该课程时效性、导向性、现实性强的特点出发，通过专职教师系统讲授、专家学者专题讲座、组织学生讨论和收看《新闻联播》的融合，切实增强"形势与政策"课的实效性和针对性。吴云志、刘伊娜在《"形势与政策"课多维教学模式建构的理论与实践》中指出，必须加大改革力度，抓住课堂教学、校园文化、社会实践等多个环节，努力建构新时期"形势与政策"课多维教学模式。罗英、何玲在《"形势与政策"课教学模式探索》中指出，通过规范教学管理制度、专兼职相结合的师资队伍、扎实的课程建设、创新教学管理模式、突出特色教育、完善实践教学，提高"形势与政策"课的教学质量。顾晓英以上海大学开展形势与政策教育为例，实践得出：形势与政策教育本质上是一项实践性的教育活动。上海大学在形势与政策课堂教育教学之余，还利用夏季学期进行主题教育实践活动，形成理论教学与实践环节二位一体的系列载体。朱绍友在《对构建<形势与政策>课教学新模式的探讨》中提出，积极探索课堂讲授、专题讲座和实践教学"三位一体"的教育教学新模式，努力提高《形势与政策》课的教学质量。上海交通大学黄苏飞副教授主编的《高校形势与政策教育教学创新研究》，从"综合研究""课程体制研究""队伍建设研究""教学方法研究""教学实效性研究"五个方面来论述高校形势与政策的教育教学。

2. 重点对课堂教学模式研究。张勋宗在《＜形势与政策＞课教学模式探讨》中提出，专题负责制教学模式，每个老师根据自己的兴趣和研究方向，选择相应的专题内容进行理论思考并深入研究。考试采取随堂测验与期末考察相结合方法。孟照伟、土丙辰、孙倩在《高校形势与政策课教学模式的探索与实践》中提出，系统讲授与重点深入分析相结合、理论讲授与启发互动相结合、课堂教学与课后辅导相结合。崔海英在《高校形势与政策课问题探讨式教学方法研究》中提出问题探讨式的教学方法，旨在使每个学生都成为学习主体，充分调动学生的积极性，实现"教"与"学"的有益结合，在师生互动中达到教书育人的实效。李学保在《关于改进高校"形势与政策"课教育教学的思考》中提出，灵活采取集中授课与形势报告会相结合的教育模式，努力破解教学难题。

3. 重点对实践教学模式研究。苑方江、苑爽在《实践教学是解决"形势与政策"课教学矛盾的有效途径》中指出，实践教学可以巩固"形势与政策"课的独立课程地位，解决与其他课程内容重复问题，有效地解决形势与政策本身的发展规律与学生对其认知间的矛盾是解决课堂教学与课外教学相脱节矛盾的有效途径。余精华在《高校"形势与政策"课实践教学模式探析》中提出成功开展这一教学，需要建立"123"模式，即需要"明确一个宗旨、选择两种渠道、搭建三个平台"。其中，两种渠道指现实性和虚拟性两种渠道；搭建三个平台指固定的实践教学基地、借助有组织的学生社团、利用广阔的社会平台。麦达松在《高校"形势与政策"课实践性教学探讨》中指出，高校"形势与政策"实践教学应该不断优化对学生造成影响的环境，积极营造有利于学生思想观念成熟发展的氛围。孙安宁在《高校形势与政策课实践教学研究》中提出，按照对学生的"知识、能力、素质"进行全面培养的要求，以"系统化、长期化、实用化"为目标，进一步整合校内外资源，构建以责任教育、文化活动和就业教育等三个模块为主的实践育人平台。

4.《形势与政策》课程网络教学研究。何广寿在《网络环境下"形势与政策"课三位一体模式的构建》中提出，提升教学质量，完善课后教育系统，在网络环境下，高校可以开辟形势与政策的主题网站。黄昕、李晓衡、高征难在《"形势与政策"课网络教学的策略探究》中指出，高校要精心建设课程网站，开辟网络课堂，借助网络实现师生教学互动，利用网络开展课程考核。王萍霞、肖华在《<形势与政策>全程网络课程教学模式的探索与实践》中认为，建立网络课堂，搭建师生教学互动平台，提高了教师利用网络技术手段和网络资源优势实施教学活动的能力，增强了高校思想政治理论课教学的针对性、生动性、多样性和实效性。张亚军在《论网络时代高校"形势与政策"课教学新模式的构建》中提出，从教学环节来看，教学模式分为"课堂教学""网络教学"和"实践教学"三个部分。南华大学李晓衡教授主编的《"形势与政策"网络课程的建设与应用研究》，总结了高校"形势与政策"网络课程研发过程中积累的经验和体会。

从以上的研究我们发现，《形势与政策》的教学有了长足的发展，取得了显著效果，从单一的理论教学，逐渐向实践教学、网络教学拓展。《形势与政策》课程作为思想政治理论课中的一门课程，具有自己的学科基础和定位，作为一门必修课程，按照规定列入教学计划，排入课表，有学分。积极开展《形势与政策》课程教学工作，并从《形势与政策》课程管理体制、教学内容、教学模式、教学评价及教师队伍建设等方面开展研究和实践探索，实现该课程教学的科学化、规范化。